乐享轻食

[法]朱莉·施沃布
大卫·努埃 著　张婷 译

中国轻工业出版社

目录
Contents

为什么要乐享轻食？/ 4
需要了解的饮食准则 / 5

促进智力发育 提高记忆力

营养师的健康建议 / 16
让我更加聪明的菜篮子 / 18
奶酪烤面包片配马齿苋沙拉 / 20
草本燕麦松脆三文鱼 / 22
海鲜面配意大利熏脊肉和腰果 / 24
生姜金枪鱼配西蓝花炒米 / 26
桂皮柑橘茶 / 28
夏威夷果巧克力提拉米苏 / 30
黑加仑栗子奶昔 / 32

改善睡眠

营养师的健康建议 / 36
让我充分放松的菜篮子 / 38
烤核桃香草奶酪无花果 / 40
煮鸡蛋配生菜、苹果、葡萄和熏三文鱼 / 42
黄瓜海白菜三文鱼奶油沙拉 / 44
三蔬鸡肉烩饭 / 46
红菊苣金枪鱼意大利面配核桃 / 48
椰香百香果布丁 / 50
杏干苹果开心果米布丁 / 52
无花果香蕉米浆思慕雪 / 54
密里萨香草蛋奶 / 56
苹果香蕉葡萄干木斯里 / 57

养护肌肤

营养师的健康建议 / 60
让我变美丽的菜篮子 / 62
红薯南瓜浓汤配瓦什寒奶酪、榛子和杏仁 / 64
鸡肝菠菜沙拉配芒果、牛油果和葡萄柚 / 66
鸡肝胡萝卜馅饼 / 68
鮟鱇配南瓜甜椒泥 / 70
圣雅克扇贝配香草、芒果和百香果 / 72
鳕鱼配酢浆草、菠菜和香橙 / 74
沙丁鱼配莙荙菜 / 76
鲜薄荷香橙柿子沙拉 / 77
罗勒甜瓜杏子冷汤 / 78

排毒

营养师的健康建议 / 82
让我排出毒素的菜篮子 / 84
洋姜圆白菜韭葱糙米汤 / 86
泰式牡蛎汤 / 88
芦笋火鸡卷配洋蓟酱 / 90
孜然龙蒿洋蓟煮鸡蛋 / 92
孜然浓缩酸奶配脆蔬菜 / 94
南瓜子奶酪荨麻汤 / 96
生姜柠檬绿茶 / 97
樱桃蔓越莓酸奶 / 98

增强免疫力

营养师的健康建议 / 102
让我增强免疫力的菜篮子 / 104
香菇猪肉味噌汤 / 106
西蓝花抱子甘蓝沙拉配奶酪酱 / 108
海鲜藏红花时蔬饭 / 110
酸菜海鲜拼盘 / 112
西班牙火腿蒜汤 / 114
荔枝石榴白桑葚奶昔 / 115
草莓枸杞冰淇淋 / 116
异国风情水果沙拉配蜂蜜酸奶和杏仁 / 118

营养词汇 / 142

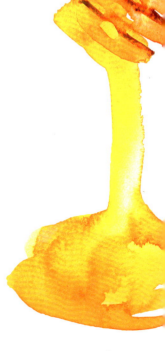

减轻压力 缓解焦虑

营养师的健康建议 / 122
让我减压放松的菜篮子 / 124
开心果牛油果印度咸酸奶 / 126
豆子甜菜椰枣沙拉 / 128
绿咖喱鸭肉烩时蔬 / 130
绿柠檬香芹生牛肉片配野苣 / 132
小牛肝配芝麻、鲜橙和绿色蔬菜 / 134
黑血肠焗土豆配苹果和洋葱 / 135
减压卷筒寿司 / 136
巧克力香蕉玛芬配椰子水 / 138
燕麦蓝莓奇亚籽薄饼 / 140

为什么要乐享轻食？

在筹划本书时，有两种不同的角度在我们脑海中碰撞！一方面，美食作家的角度令我们注重美食带来的乐趣；另一方面，医学的角度又要求我们科学地看待饮食。

因此，本书的关键就是：既吃得快乐，又吃得健康！

人们通常会认为，与食物的营养相比，品尝食物带来的愉悦有些多余，但只注重食物的美味也是有害的。因此，同时保证食物的美味和营养就有诸多困难，很难两全，甚至是一种挑战。

更确切地说，我们常常感觉自己生活在一种"营养困惑"中，有太多的提示和警告，使我们在烹饪时迷失了方向，制作一种既美味又健康的食物变得愈发困难。评判对错的标准模糊，造成了烹饪中诸多困难和不和谐。有时某些尝试甚至被认为是危险的，会带来安全隐患，这就会给烹饪者带来压力和负罪感。

为什么要将美味和健康对立起来，而不将两者结合，选择积极的部分呢？这样能带来心灵、身体、精神的愉悦！带来快乐、能量和热情！

是的，这是可行的！甚至可以说非常简单，不需要费力去寻找：打开我们的冰箱、橱柜、购物篮，所有好的食材就在那儿了。只要把它们搭配起来，让营养得到优化，您会看到，享受美味又健康的食物从未如此简单！

日常饮食的选择不应该是一件令人头疼的事。相反，要吃得好，吃得合适，必然要顺应自己的口味和需要。这就是本书要汇集这些烹饪信息的原因，它可以让您在第一时间熟悉营养的搭配，并找到适合您生活方式的饮食。您可以找到想要的线索去丰富饮食，也可以学到直观又健康的烹饪方法。

之后，您可以随意浏览其他章节，不同章节中的烹饪食谱能满足健康需要，它们可以起到以下作用：促进智力发育并提高记忆力、改善睡眠、养护肌肤、排毒、增强免疫力、减轻压力并缓解焦虑。

在本书中，我们与您分享精美的食谱、烹饪的诀窍、对日常饮食的建议，让您在品味美食的同时得到身体和心灵的享受！

这也是我们在每个食谱中都会提供一种变换口味的做法的原因，加入新的食材或配料，而营养成分与原来的食谱几乎无异。

"食材功效"板块展示了菜谱中食材的营养特色。我们会结合食材所在板块的特点，呈现这些食材的特色功效。

"营养贴士"板块带来有关营养的精确数据，以及食谱能提供的某些营养物的信息。这个板块也会提供一些搭配建议，让食材的营养有效地发挥。

这本书带来的是有趣的体验、快乐和积极的态度，不只是教您做菜那么简单！那么，选择您喜欢的食谱开始实践吧！

乐享轻食！

需要了解的饮食准则

在一口气看完本书之前,您应该了解一些关于饮食的准则,这能让您更有效地利用书中的食谱,制作均衡的日常饮食。大多数人都认为饮食可以带来健康,几乎所有的科学研究也都确认,我们通过饮食能获得健康的身体。当然,健康不是只取决于饮食,我们要懂得做出正确的选择。提供这些信息和准则不是为了说教,而是希望通过这些烹饪建议让您的饮食更加多样。

健康饮食的 6 个准则

遵从营养原则与愉快地烹饪其实并不冲突。这些规则和建议可以让我们选择对身体更有益的食物。

每一类食物在日常饮食中都占有一席之地,各类食材对于均衡饮食来说都是不可或缺的,但其中一些不能食用过量,还有一些则可以优先选用。

6类有利于均衡膳食的关键食材:

水果和蔬菜
每天至少5份

谁不知道水果和蔬菜的重要性呢?更精确地说,我们每天至少需要5份的量。1份是多少呢?是80~100克,直观地说,像1个拳头那么大,或是满满2汤匙。举例来说就是:1个中等大小的西红柿,1把圣女果,1把四季豆,1碗汤,1个苹果,2颗杏,5个草莓,1根香蕉……

您还可以再多吃一些,对身体有益。

理想的状态是将水果和蔬菜搭配起来,并尽可能多地在食谱中使用蔬菜和水果,还要变换花样。水果和蔬菜富含维生素、矿物质和膳食纤维,对健康十分有益。尤其重要的是,水果和蔬菜既能同时提供美味和健康,又能带来不同的口味。

奶制品
每天3份

奶制品包括大多数以牛奶为原料的食物,如酸奶、奶酪等,当然还有牛奶。在饮食中应该优先选择奶制品,因为它们是钙质的来源。

1份奶制品的量等同于：

1瓶酸奶（125克）　　　　1块新鲜白奶酪（100克）

2块小瑞士奶酪（60克）　　1杯牛奶……

注意那些容易被误认为是奶制品的食物：鲜奶油和黄油都不属于奶制品，而是属于油脂类食品！含奶的甜品（如甜点用奶油、奶油布丁）也不属于奶制品，它们的含奶量过低，达不到奶制品要求的标准，成板的奶油巧克力也是如此。

理想的状态是每顿饭都摄入1种奶制品。为了选择能多一些，您可以变换着享用酸奶、牛奶和奶酪。硬质奶酪如埃文达奶酪、孔泰奶酪、博福尔奶酪都含有丰富的钙质，但同时也含有大量油脂和盐。

对于儿童、青少年和老年人来说，每天最好摄入4份奶制品。这样能充分补充钙质和维生素D，它们是保证骨骼发育和维持骨骼健康的基础营养元素。钙对肌肉收缩、凝血等也有重要作用。一些蔬菜如韭葱、圆白菜、菠菜，还有一些水果如食用大黄、仙人掌果实、金橘也含有钙质，但对补钙的作用不大。如果您不喜欢奶制品，可以考虑鱼类、鸡蛋或富含钙的矿泉水，它们可以很好地满足需要。

淀粉类食物
可以根据胃口大小来选择，但要记住食用淀粉类食物不要超过一餐饭一半的量。

淀粉类食物包括：面包和一切烘烤面包类食品（如面包片、吐司面包等）、谷物（如米、小麦、大麦、燕麦、黑麦等）、豆类（如扁豆、蚕豆、鹰嘴豆、干豆角等）。

总的来说，淀粉类食物非常奇妙，它们富含对人体有益的诸多营养成分，如膳食纤维、矿物质和维生素。

肉、鱼、鸡蛋、内脏
每天一至两份

这些食材可以提供高质量的蛋白质。鱼类尤其是优质的鱼类（如鲭鱼、三文鱼、金枪鱼、鲱鱼、鲲鱼、沙丁鱼）能够提供充分的鱼油（含欧米伽3脂肪酸），它对身体的益处众所周知。至于肉类，不论是哪种肉，您最好选择瘦的：无皮鸡肉、禽肉肉片、牛肉片、猪里脊、牛的腰腹部瘦肉、油脂含量5%以下的牛排、火腿等，总的来说，鱼肉比其他肉类含有更少的脂肪。

食用素食也能实现营养均衡，找到其他蛋白质来源来替代肉制品和鱼很重要。鸡蛋和牛奶也可以提供蛋白质，这种蛋白是植物蛋白的补充，植物蛋白则可通过食用谷物、荚果类蔬菜和豆类来获得。总而言之，均衡搭配植物类和动物类食物是一件很有趣的事。

油脂
要限制

各种油脂的作用不尽相同,有些对于保持身体健康不可或缺。所以,我们在选择时要加以鉴别,主要要看它们的脂肪酸含量。

优先选用的油脂类食物是植物油,特别是菜籽油、橄榄油、葵花子油(可以轮换着食用,充分利用每种油的价值)、鱼油(如鲭鱼、三文鱼、沙丁鱼)、含油的水果或干果(如牛油果、核桃、榛子等)。注意,这并不意味着我们可以随意进食油脂类食物!这些食物能够提供高质量的油脂,能够补充脂肪酸(尤其是欧米伽3脂肪酸和欧米伽6脂肪酸),在某种程度上来说,有利于心血管系统的工作。

以下食品要限量食用:黄油、猪肉、甜酥面包、烘焙甜点、油炸食品、面包粉、部分包装好的速食等。它们都含有大量饱和脂肪酸。同样,要试着减少反式脂肪酸的摄入,食品包装配料一栏会标明是否含有氢化植物油,方便判断。

尽量使用那些不需要大量油脂的烹饪方式,选用蒸锅、中式炒锅、不粘锅、铝箔纸、压力锅等。不要给食物添加大量调味酱、奶油、黄油、蛋黄酱,这样才能更好地感受食物本身的味道。

甜食
要限制

均衡饮食与摄入糖分是不矛盾的,不过还是尽量少吃。每天的摄入量不要超过50克,大概是10块方糖的量。

详细说明:加糖咖啡(1块糖)、果酱(3块糖)、中午吃1条巧克力(6块糖)。当然您如果特别想吃糖,还是可以吃一些,但可不能每天都这样哦!

平衡膳食
正确选择
食物

吃得好的根本是什么？就是要保证饮食多样、平衡，也就是说各种食物都要吃一些，但量要按照需求来决定。选择对身体有利的食物（如水果、蔬菜、淀粉类食物、鱼、肉等），控制高糖（如糖果、含糖饮料等）、高盐（如开胃蛋糕、薯条等）和高油脂（如猪肉、黄油、奶油等）食物的摄入。

膳食平衡不是通过一餐饭或一天的饮食就能达成的，至少也需要一周时间。因此，没有什么食物是被完全禁止的，重要的是要懂得选择有益的食物并控制摄入量。丰富的膳食需要平衡，我们为您提供的食谱很容易就能满足均衡膳食的需要。

设计菜单

日常饮食点缀了我们的生活，构成了生活的变奏曲。

不论您能否按时吃饭，不论您是在家还是在单位吃饭，都应当按照所需，尽可能地让饮食丰富多样。养成良好的饮食习惯十分有益。

为了平衡膳食，您应该要：

- 尽量保证一日三餐，每餐都适量进食。要按照适当的速度，不要大口吃，也不要狼吞虎咽，也许这样的节奏和平时的习惯不符，重要的是要找到适合自己的节奏，听从身体的需要，也是尊重胃的方法。当您感觉已经不饿时，可以认为已经吃得足够了。
- 按季节吃出花样。根据季节选择应季的食物，能带来充足又多样的营养。
- 在外吃饭可以放松身心。透口气吧，去餐厅和朋友吃个饭。这是测试您在不同环境下均衡膳食能力的好机会，也可以在社交中发现新的美味。

早餐让您赢在起跑线上

空腹一晚,早晨该让身体充充电了。摄入能量和水分,开启新的一天。早餐是非常重要的一餐,它影响着一天的膳食水平。不吃早餐就出发会让您白天充满饥饿感。

早晨不摄入能量,会让脑子转动的速度都放缓哦!

理想的早餐应该包括:

- 1份谷物类食品,它能补充葡萄糖,让您一直坚持到午餐时间。可以通过食用面包、谷物或米饭来获得这类营养。当然,各种食物的作用都不尽相同,最好选择那些低血糖生成指数的食物,也就是那些在消化过程中缓慢分解,并且将葡萄糖逐渐释放到循环系统的食物,它们有益于身体健康。

  比如与白面包(如法棍)和甜吐司面包相比,我们会倾向于选择全麦面包(用天然酵母发酵的更好)和谷物面包,前两者有可能让您还没过完早晨就重新陷入饥饿中。干面包片、瑞典面包、谷物干面包不容易让人产生饱腹感,如果早晨胃口不好,可以试试这些面包。

  最好不要选择那些过度加工的谷物,它们含有大量精炼糖,比如麦片。

- 1份奶制品,补充蛋白质。我们通常建议饮用牛奶(凉牛奶更容易消化)、酸奶或白奶酪。因为它们都富含钙质。当然也可以选择其他奶酪、作为餐后甜点的奶油酱、水果蛋糕、奶粉等。一般来说,早餐中奶制品是非常常见的,它们能有效抵抗饥饿。如果您不喜欢奶制品或对乳糖过敏,可以吃一些瘦肉、豆类(如芸豆、扁豆、大豆)、干果(如核桃、杏仁)等。注意,杏仁露或豆乳都是混淆视听的,它们的营养价值与牛奶相比天差地别。

- 1份水果，可以是任何形态的，熟水果、果泥、果汁均可。

  水果可以补充水分、矿物质和维生素，尤其是苹果、柑橘类水果、猕猴桃、石榴、芒果或木瓜。将水果榨成果汁后，最好不要加糖。但鲜榨果汁还是没有完整的果实好，因为果汁中含有的膳食纤维会减少，很快就会被消化。

- 1份饮品，泡一杯茶、咖啡或茶包（提神、好消化），补充水分，还能清除身体中积累的毒素。

- 也可以吃1小块黄油或人造奶油，补充维生素A和维生素D，吃点果酱或蜂蜜，滋润一下。

综上所述，开启完美的一天就要：

- 首先要保持愉快的心情；睡到自然醒，随您的口味选择甜味或咸味食物，唤醒美好的一天。

- 按胃口来进食，不要过量。如果不喜欢传统早餐，就试试其他的：鸡蛋、火腿、核桃、干果、奶酪、新鲜蔬菜、芸豆……看一眼全世界各式各样的早餐，您会患上选择困难症！不管早餐是什么，记住用早餐开启营养均衡的一天。

- 多换些花样，营养是关键。如果早餐比较固定，那就试着在午餐和晚餐中寻找花样吧。

- 要控制甜酥面包的食用量（每周1次），因为它的糖分（等于6块糖的量）、油脂（等于1汤匙油）含量很高。如果早晨很匆忙，就吃一些现成的早餐：酸奶、奶片、谷物早餐饼、面包、100%浓缩果汁、新鲜水果（易携带的）、瓶装果酱，最后再带瓶水或小包装的茶和咖啡。

午餐和晚餐

传统法餐是均衡膳食的模范，它构造完整、种类多样。一顿好的午餐能让您"电力充沛"，好状态一直持续到晚餐，这样午后您就不需要再吃别的东西了。就像手的5根手指一样，午餐有5个重要的构成。如果在家里吃午餐，并且有足够的时间，您就可以制作出理想的一餐：

- 1份前菜，最好是熟的蔬菜。

- 主食要选择1份含有蛋白质的食物：肉、海产品、鸡蛋或动物内脏，1份约100克（如1块牛排、1块鱼排、1块牛肝、用2个大鸡蛋做成的摊鸡蛋）。

- 1份谷物配餐（如面包、面团、米饭或面条），土豆、豆类（如扁豆、白芸豆、红芸豆、鹰嘴豆），1份配餐大约150克（等于三四汤匙的量）。注意：它们的淀粉含量占到一餐的1/4，加上其中的蛋白质，要占到一餐的1/2，绿色蔬菜占另外1/2。吃一些面包也是可以的，但如果您已经吃了足够的谷物，就不需要再吃面包了。

- 1份奶制品：酸奶、白奶酪、小瑞士奶酪或1份20克的其他奶酪（如1/8块卡门贝奶酪）。

- 1份甜点，最好是水果。

您只要按食量（或依据能量）来决定吃多少。

偶尔，也可以不摄入其中某一类食物，因为其他食物对营养的补充能暂时应付。比如，您很少吃肉、鱼、鸡蛋，谷物类食品和豆类食品的摄入则可以补充足够的植物蛋白。就像古斯古斯麦饭用了小麦粉和鹰嘴豆，尼泊尔美食达巴中有米饭和扁豆，摩洛哥毕萨拉中用了磨碎的豌豆，带来柔滑的口感，可以用面包蘸着吃，再比如辣豆酱里加了玉米和红芸豆。

如果完全不习惯奶制品或是只能吃一点点，那推荐您喝一些富含钙质的矿泉水。

但是，我们看到人们的午餐在不断简化。处理办公室成堆的文件、购物、送孩子上学……有数不清的理由让我们失去日常生活中充足的做饭时间。

不论是在办公地点还是在餐馆吃饭，我们仍然有可能实现均衡饮食，只要将上文提到的午餐构成稍简化即可。

我没有时间去准备理想的一餐

您可以游戏般地看待和享受烹饪，在前菜或主菜中随意加入奶制品，比如以下两种食谱：

- 意大利奶酪西红柿、火鸡肉、手工宽面条、桃子。

- 野苣沙拉、意大利蘑菇焗饭、烤苹果。

也可以在饭里加入肉、淀粉类食物或奶酪，如千层面、土豆泥焗牛肉、猪油火腿馅饼、金枪鱼挞、比萨、什锦沙拉等。

我每天中午都在餐馆吃饭

有些人说,对他们来说均衡膳食几乎不可能。但我们仍然可以给您一些建议:

- 不时地变换吃饭的地点,这样饮食的花样也会多一些,也可以将传统的热菜和什锦沙拉、烤鱼、亚洲风味汤、寿司搭配起来吃。

- 一般餐馆的午餐很丰盛,主菜加甜点或前菜加主菜就够吃了,当然,可以再加个水果下午吃。

- 如果没有饥饿感就不用吃光所有食物,要知道,您已经饱了。

我吃饭总是匆匆忙忙

您是三明治套餐的忠实爱好者?如果是这样,您也可以依照以下建议丰富食谱:

- 与白面包或牛奶鸡蛋面包相比,谷物面包或全麦面包含更多的膳食纤维、维生素E和欧米伽3脂肪酸。

- 火腿、鸡肉、牛肉、三文鱼、金枪鱼、鸡蛋、奶酪要比猪肉(包括猪肉红肠或肉酱)更健康。

- 什锦沙拉也能提供蛋白质,因为其中加入了火腿丁、鸡肉、奶酪、豆腐、金枪鱼等,这些食材很容易驱散饥饿感,这样您就可以一直坚持到晚上。

- 可以买一些袋装的蔬菜(如胡萝卜、小红萝卜),或蔬菜卷(如黄瓜、甜菜)。

- 三明治中加入些醋渍小黄瓜、白洋葱或芥末要比蛋黄酱和黄油好一些。

如果工作的地方有条件热饭,您就可以将前一晚做好的菜带上了。独立包装的浓汤块也是不错的选择。

如果购买包装好的食物,您最好在选择之前仔细看一下包装袋上的标签。包装上都印有食品标识,可以选择能量在350~450千卡的食物,或是蛋白质含量在15克以

上的食物。每100克中脂肪含量高于20克，以及脂肪酸含量在5克以上的食物都不是好的选择。还有那些每100克含糖量高于12克的食物，以及每100克含盐量高于1.5克的食物也不利于健康。最后要注意：那些完全脱脂的食物同样不适合您。

选择水果或果泥作为甜点，要比蛋糕和牛奶鸡蛋面包好得多。需要的话，就从家里带。

至于饮品，最好是喝水，但含酒精饮料也可以。对于女性来说，含酒精饮料1天不要超过2杯，男性则是3杯。日常生活中喝少量酒并不会带来太大风险，节日时，喝杯好的红酒，它富含单宁，对心脏健康有益。在孕期或生病时，酒精饮料是要绝对禁止的。

碳酸饮料的含糖量非常高。33毫升可乐的含糖量等于在蛋糕中加了7块糖之多。对于那些要控制糖分摄入的人来说，最好选择零热量的无糖饮料。

晚餐的构成应该要充分考虑早餐和午餐吃过的食物。晚餐同样可以帮助您平衡一天的饮食，可以吃一些水果或蔬菜、奶制品，如果中午吃的是奶酪三明治，晚餐可以优先选择酸奶或白奶酪。

您可以按照上文中午餐的建议安排晚餐，如果希望晚上能睡个好觉，最好不要吃太多。如果中午已经吃过富含蛋白质的食物，比如肉，而且也没有做运动，那在晚上，就不需要再吃这类食物了。

请放轻松

所有这些关于营养的建议都不是死板的指令。虽然限制了某些食物的摄入，但并不意味着完全不可以吃这些食物。

快乐地尝试吧！

朱莉·施沃布、大卫·努埃

促进智力发育 提高记忆力

营养师的健康建议

记忆力是需要训练的,当然饮食也可以影响大脑健康。如果说均衡膳食是关键所在的话,有选择性地多吃某些食物能够起到促进智力发育的作用。为了给大脑加上助推器,我们推荐以下几类健康饮食:

富含维生素和矿物质的新鲜水果和蔬菜

β-胡萝卜素是一种可以转换为维生素A的天然色素,它对大脑发育和提高记忆力十分有益。水果和蔬菜富含维生素C,可以帮助铁将氧气输送至大脑。

可选食材:西蓝花、菜花、抱子甘蓝、蔓菁、红甜椒、香芹、柑橘、柠檬、橙子、黑加仑、蓝莓、覆盆子、番石榴、木瓜、猕猴桃、山葵。

贝类和甲壳类食物、动物肝脏和奶制品

贝类和甲壳类食物、动物肝脏和奶制品都可以补充大脑所需的B族维生素,这类维生素对于肌肉生长和记忆力来说至关重要。

可选食材:蛤、牡蛎、滨螺、小母牛牛肝、小牛肾脏和胸腺、猪肉黑血肠、酸奶、白奶酪、莫尔比耶奶酪、马鲁瓦耶奶酪、瓦逊瑞奶酪。

优质脂类物质

因为大脑中有很多脂类物质,所以好的脂类物质也能保障大脑健康。我们可以从鱼油、鸡蛋和某些植物油中摄取优质脂类欧米伽3脂肪酸。绿色蔬菜中欧米伽3脂肪酸的含量较少,不过经常食用可以持续补充营养。马齿苋的叶片组织中含有大量的欧米伽3脂肪酸(每100克马齿苋中含25克欧米伽3脂肪酸),这在绿色蔬菜中是比较少见的。

可选食材：三文鱼、鲭鱼、鲱鱼、沙丁鱼、金枪鱼、鲲鱼、鱼子、鸡蛋、菜籽油、橄榄油、亚麻子、干果（尤其是核桃和榛子）、绿叶蔬菜（如马齿苋、野苣、水田芹、生菜）。

谷物、豆类、干果和含油种子

谷物和豆类能够以葡萄糖的形式提供大脑所需的碳水化合物。干果和含油种子提供能量和矿物质，让大脑神经元最大限度地保持活跃。

可选食材：麦片、燕麦、糙米、藜麦、普伊扁豆、黑麦面包、葡萄干、杏干、杏仁、开心果、核桃。

让我更加聪明的菜篮子

奶酪烤面包片配马齿苋沙拉

份数：
4人份

准备时间：
10分钟

烹饪时间：
10分钟

黑麦面包4片
莫尔比耶奶酪100克
瓦逊瑞奶酪100克
马鲁瓦耶奶酪100克
马齿苋 100克
去皮葵花子2汤匙
孜然粉适量
菜籽油适量
醋适量
黑胡椒碎适量

将烤箱预热到240℃。

将3种奶酪切片，铺在面包片上，撒上1小撮孜然粉、黑胡椒碎和去皮的葵花子，在烤箱中烤制8～10分钟。

在餐盘上铺上马齿苋的叶子，淋上菜籽油和醋，撒上葵花子。面包片烤至金黄后，搭配马齿苋沙拉一起食用。

食材功效：这是真正的健康沙拉，马齿苋的营养价值无与伦比。它富含矿物质（如铁）、抗氧化成分和欧米伽3脂肪酸，是促进智力发育的绝佳选择。

变换口味：可以用苦苣或水田芹来代替马齿苋，但是要在醋汁中加入1片柠檬，保证维生素C的含量不变。

营养贴士：这种铺满奶酪的食物配上马齿苋，可以满足身体对锌的需要，锌是促进大脑学习记忆功能的重要元素。

草本燕麦松脆三文鱼

份数：4人份　　准备时间：20分钟　　烹饪时间：10分钟

新鲜的三文鱼 4块
（每块100克）
鸡蛋2个
面粉2汤匙
燕麦4汤匙
蒜1瓣
奇亚籽1汤匙
新鲜香芹几根
新鲜香菜几根
柠檬块几个
葵花子油适量
盐适量
黑胡椒碎适量

将蒜瓣切碎。充分混合燕麦和切碎的香芹、香菜、蒜和奇亚籽，制作出面包粉，倒入深盘中。

将鸡蛋打散，倒入另一深盘中。在第三个盘子中倒入面粉。

将三文鱼块先后蘸上面粉、鸡蛋和面包粉。

在平底锅里中火加热2汤匙油，将三文鱼块放入油锅，每面都煎至金黄。三文鱼离火后就可立即享用了。用少量柠檬汁、盐和黑胡椒碎给三文鱼调味。搭配蒜炒米饭和蔬菜食用。

食材功效：三文鱼的鱼油是欧米伽3脂肪酸的主要来源，金枪鱼、沙丁鱼和鲭鱼也都含有这种营养物质。欧米伽3脂肪酸是神经元活动的基础要素，对提高记忆力有着重要作用。想要拥有健康的大脑，这道菜可以每周吃上两三次。

变换口味：可以用金枪鱼、沙丁鱼和鲭鱼等同样富含欧米伽3脂肪酸的鱼类来代替三文鱼。可以在食谱中加入些迷迭香。迷迭香中含有的黄酮类化合物可以促进脑部血液循环，对注意力也有帮助。

营养贴士：香芹中含有丰富的铁，如果和富含维生素C的柠檬搭配食用，可以加快铁的吸收。

海鲜面配意大利熏脊肉和腰果

份数：4人份　　准备时间：30分钟　　烹饪时间：20分钟

意大利鲜面条400克
新鲜的蚶子、蛤蜊、帘蛤、竹蛏共1千克
意大利熏脊肉8片
无盐腰果50克
蒜4瓣
西红柿4个
干白葡萄酒100毫升
新鲜的碎香芹3汤匙
橄榄油适量
盐适量
黑胡椒碎适量

将贝类在冷水中浸泡30分钟，使其脱去盐分。在平底锅中倒入腰果，煸炒几分钟后搓碎。

将泡好的贝类放入炖锅中，倒入少量水，漫过锅底即可。盖上锅盖，煮5分钟，要不时地搅动，让贝壳打开。到时间后将锅离火，拣出还没张开的贝类。

将西红柿放入沸水中烫一下，取出后去皮。蒜剥好后擦成蒜末。在炒锅中加热橄榄油，放入蒜末，煎3分钟后放入去皮的西红柿和干白葡萄酒。加盐和黑胡椒碎继续烹制，直到西红柿变得软烂，大约需要10分钟。放入贝类和意大利熏脊肉，充分混合。

在水中加盐，水开后倒入面条。面条煮好后取出，沥干水分，将面倒入放有贝类的炒锅中，大火翻炒2分钟。撒上新鲜的香芹碎和腰果即可上桌。

食材功效：贝类，更确切地说是蛤蜊，含有丰富的维生素B_{12}，能很好地保护大脑细胞，促进细胞再生。如果这种营养元素摄入不够，大脑的运转会变得缓慢。

变换口味：可以用煮好的糙米或小麦来代替意大利鲜面条，注意米或小麦一定要沥干水分。

营养贴士：烹饪过程中一定要精确掌握烹饪时间，烹饪时间过长会破坏B族维生素，这种营养元素对温度十分敏感。

生姜金枪鱼配西蓝花炒米

份数：4人份　　准备时间：15分钟　　烹饪时间：15分钟　　冷藏时间：10~15分钟

新鲜的金枪鱼块400克
大米200克
抱子甘蓝、甘蓝、西蓝花共400克
蒜2瓣
鲜姜3厘米
酱油4汤匙
白芝麻2汤匙
黄柠檬汁 2个柠檬的量
橄榄油3汤匙
盐适量
黑胡椒碎适量

给蒜和姜去皮。将蔬菜洗净、切片。混合1瓣蒜、生姜、柠檬汁和酱油。

将金枪鱼肉切成小块，放在盘中并倒入上一步的调味汁腌泡。适当搅拌，让金枪鱼肉的各个部分都浸到调味汁中。在冰箱中冷藏10~15分钟。

将大米放入加盐的沸水中煮熟，沥干水分。

将橄榄油倒入炒锅中，大火加热，放入另一瓣蒜爆香。放入所有蔬菜，倒入大米，充分翻炒，撒上盐和黑胡椒碎。

将金枪鱼块放在盘子里，撒上白芝麻，搭配炒好的米饭一起食用。

食材功效：芝麻对于大脑和记忆力的好处一向都是受到肯定的。芝麻富含镁，对人的认知活动有促进作用。

变换口味：如果您更喜欢吃热的鱼肉，可以将金枪鱼与蔬菜一起炒两三分钟后，再加入米和芝麻粒。

营养贴士：过多地食用生鱼肉会造成维生素B_1缺乏，但不必担心，这道食谱中搭配的其他食材能保证维生素B_1的摄入。

桂皮柑橘茶

份数：
4人份

准备时间：
25分钟

烹饪时间：
5分钟

冷藏时间：
1小时

矿物质含量较低的矿泉水
500毫升
红茶2茶匙
葡萄柚1个
橙子2个
橘子2个
细皮小柑橘2个
黄柠檬1个
桂皮粉1小撮
八角2个
巴西核桃4个
新鲜香菜叶几片

将水倒入平底锅中，加热至微微沸腾。倒入红茶、桂皮粉和八角，煨10分钟。将茶汤过滤后放入冰箱冷藏1小时左右，使其彻底冷却。

给所有水果去皮（去皮后还要用刀去掉白色的橘络和里层的薄膜）后剥成瓣放在小沙拉盆中。倒入红茶汤，加入香菜叶，撒上些碎的巴西核桃后，即可品尝。

食材功效：柑橘中含有抗氧化成分，具有稳固细胞壁和细胞膜的作用。柑橘有助于增强记忆力，如果空腹食用，效果会更显著。这道食谱选用的柑橘类水果都富含维生素C（有助于将铁输送到人体的各个器官）。

变换口味：可以用瓜拿纳来代替红茶。瓜拿纳原生长于巴西亚马逊丛林。它种子中咖啡因的含量是咖啡豆的两三倍。使用瓜拿纳作为咖啡因来源的商品非常多。注意在食用时，多留意包装上的营养成分表，每次摄入的咖啡因含量不要超过100毫克，否则您有可能会度过1个不眠之夜哦。

营养贴士：与柠檬搭配饮用，茶的提神效果会成倍增加。

夏威夷果巧克力提拉米苏

份数：4人份　准备时间：20分钟　冷藏时间：2小时

奶油：
马斯卡彭奶酪400克
鸡蛋2个
糖粉60克
香草籽1小撮
阿玛雷托酒1汤匙

饼底：
手指饼200克
浓咖啡150毫升
夏威夷果60克
无糖可可粉适量

制作奶油：将蛋黄和蛋清分离。搅打马斯卡彭奶酪，使奶酪质地变得柔滑，加入蛋黄、阿玛雷托酒、40克糖粉和香草籽。混合搅打蛋清和剩下的糖粉，制成蛋白霜。小心地将蛋白霜加入到马斯卡彭奶酪中，在阴凉处保存。

将手指饼的一端在咖啡中浸一下，然后放在盘子底部，在上面抹上一层奶油，再铺一层咖啡手指饼，再抹一层奶油。冷藏至少2小时。

将夏威夷果切碎，在平底锅中煎几分钟，直至颜色变得金黄。将夏威夷果碎和可可粉一起撒在提拉米苏上即可。

食材功效： 可可中含有丰富的黄烷醇，它可以作为抗氧化剂，对增强记忆力有积极的作用。它能减少神经细胞损伤（这种损伤会导致记忆力下降）。可可还会促进向脑回路供血，脑回路对于记忆至关重要。每天摄入10克以上可可含量为70%的巧克力，会带来积极的作用，但不应过量食用。

变换口味： 如果想让这款提拉米苏的味道变淡一些，可以用小瑞士奶酪来替换一半的马斯卡彭奶酪。

营养贴士： 这个食谱的首要目的就是，释放神经元活力的同时，又不让您长胖。千万不要过度沉浸于巧克力带来的小欢乐中，要注意平衡膳食，控制能量的摄入，这个食谱中有马斯卡彭奶酪，因此当天就不要再进食奶酪了，而应该选择一些十字花科蔬菜（如西蓝花、圆白菜、蔓菁、小萝卜、芝麻菜等）或是富含维生素C的水果（如柑橘类水果），这些水果蔬菜的能量低，有助于唤醒记忆的活力。

黑加仑栗子奶昔

份数：
4人份

准备时间：
5分钟

新鲜或冷冻黑加仑250克
熟栗子300克
冷牛奶750毫升
黑巧克力20克

用榨汁机搅拌黑加仑、栗子和牛奶，制成泡沫丰富的奶昔。

将奶昔倒入大玻璃杯中，加入黑巧克力屑即可。

食材功效：黑加仑是最好的抗氧化物之一。研究证明，黑加仑因含有花青素而对大脑十分有益，能促进新的神经细胞生成，从而改善记忆力。

变换口味：可以用桑葚代替黑加仑。成熟的白色桑葚富含铁和维生素C。

营养贴士：黑加仑富含抗氧化物质，栗子中含有丰富的镁，二者搭配，能够起到很好的抗大脑衰老作用。

改善睡眠

营养师的健康建议

疲劳、昏昏欲睡、注意力不集中、烦躁易怒、记忆力衰退……失眠带来的身体不良反应是多重的。这些有关睡眠的烦恼是否都是由饮食不当造成的呢?不能这样说!但不可否认的是,饮食对睡眠质量有直接的影响。

保证好睡眠的黄金法则

好的睡眠和良好的生活卫生习惯有关,当然平衡的膳食(多样化、适合自身需求的膳食)也有非常重要的作用,它有利于身体对食物的消化吸收。以下就是保证睡眠质量的黄金法则:

- 食不过量,食不过晚。当人体需要睡眠时,身体会进入休息状态,体温也要降低,但消化活动会让体温上升。如果晚餐特别丰富,并吃到很晚,消化对睡眠的影响就显而易见了。
- 晚餐要清淡。远离油炸食品、猪肉制品、油腻的奶酪,这样的饮食会增加身体负担,导致半夜醒来。
- 避免刺激的饮品。比如饮用酒、咖啡等刺激性饮品会抑制褪黑激素的分泌,从而影响睡眠质量。尽量选择以这些植物为原料的健康饮品,如:洋甘菊、缬草、密里萨香草、百香果、椴树花、山楂、马鞭草、橙花等。
- 少吃蛋白质含量过高的食物(如猪肉制品、野味、兔肉、硬奶酪),它们会促进多巴胺的分泌,这种物质会令人神经紧张或兴奋。

吃些什么好呢?

乳制品是不错的选择,它们含有适量的蛋白质,并含有丰富的钙和镁,有助于肌肉的放松。也可以选择鸡蛋(非油炸)或白肉(如鸡肉、火鸡肉等)。睡前1杯热牛奶,好处无穷。

- 食用奶制品好处多多,当然晚间也可以食用一些富含色氨酸的食物。这种物质在人体内代谢后会生成5-羟色胺,它能够抑制中枢神经兴奋,产生一定的困倦感。5-羟色胺在人体内可进一步转化生成褪黑素,这种物质经过证实确实有着很好的镇静和促进睡眠的作用。

可选食材: 香蕉、芒果、脱水蔬菜(如法国小扁豆、珊瑚扁豆、鹰嘴豆、四季豆、芸豆、菜豆、赤小豆、豌豆、大豆、麦芽)、油性坚果(如核桃、榛子、南瓜子、杏仁、腰果)、干果(如蜜枣、杏干)。

- 选择富含维生素B_3、维生素B_6和维生素B_9的食材,这些维生素能够促进睡眠激素的分泌。深海鱼尤其是鳕鱼也是这些维生素的极佳来源,一些谷物,如大米、大麦中的此类维生素含量极高。

可选食材：大米、大麦、三文鱼、鲭鱼、沙丁鱼、金枪鱼、鳕鱼、芝麻、开心果、芳香植物（如鼠尾草、薄荷、月桂、迷迭香、墨角兰）、调味品（如匈牙利辣椒、黑胡椒）。

摄入富含碳水化合物的高血糖指数食物可以提高胰岛素水平，这种激素会促进5-羟色胺的生成。当然，切记不要贪食，因为这类食物更容易使体重增长。谷物、脱水蔬菜和水果可以让您摆脱昏昏沉沉的睡眠。

可选食材：全麦面粉、麸皮面包、黑麦面包、麦片、燕麦、糙米、藜麦、土豆、脱水蔬菜、苹果、葡萄柚、葡萄、猕猴桃、杏、葡萄干、牛油果。

让我充分放松的菜篮子

具有镇静作用的植物：
如能让人充分放松的密里萨香草

果干：
富含镁和钾，能够促进肌肉放松

油性坚果：
富含色氨酸和B族维生素，让您安然入眠

烤核桃香草奶酪无花果

份数：4人份　　准备时间：10分钟　　烹饪时间：15分钟

无花果8个
鲜山羊奶酪250克
去壳的核桃12个
杏干6个
新鲜或干的密里萨香草叶几片
蜂蜜少许
菜籽油少许
盐适量
黑胡椒碎适量
红菊苣适量

将烤箱预热到180℃。

将无花果切成两半，用勺子舀出部分无花果果肉。将核桃切碎，杏干切成小块，密里萨香草叶切碎。

混合奶酪、核桃、无花果果肉、杏干和密里萨香草叶，放入盐和黑胡椒碎。

将混合物填入无花果，放入深盘中，浇上少许蜂蜜和菜籽油。

将无花果放入烤箱烤15分钟。搭配调好味的红菊苣食用即可。

食材功效： 无花果原产于地中海，是一种有助于睡眠的食材。无花果中含有丰富的钾，能够帮助肌肉放松。同时，无花果还有助于补充维生素B_6，促进褪黑素的产生。无花果的维生素C含量不多，您不用担心摄入过多维生素C而影响睡眠。

变换口味： 可以用其他果干代替杏干，比如无花果干、葡萄干或是富含镁和钾的李子干。

营养贴士： 注意，虽然有人说睡前服用维生素C会导致失眠，但是目前还没有任何研究能够证明，维生素C的摄入会对睡眠有明显的影响。

煮鸡蛋配生菜、苹果、葡萄和熏三文鱼

份数：
4人份

准备时间：
15分钟

烹饪时间：
6分钟

小生菜1棵
新鲜鸡蛋4个
全麦面包2片
熏三文鱼4片
黄香蕉苹果1个
葡萄1小串
金黄色葡萄干20克
菜籽油2汤匙
淡奶油3汤匙
酒醋2汤匙
芥末1咖啡匙
盐适量
黑胡椒碎适量

将生菜切成小段。面包切成小丁，制作油煎面包丁。将三文鱼切成小条，苹果削皮后切成小丁，葡萄洗净。

将切好的生菜段、苹果丁、三文鱼条、新鲜葡萄粒和葡萄干放在小盘子里。

在平底锅中加热1汤匙菜籽油，将面包丁倒入锅中，各面都要煎至金黄。锅中倒入水加热至微滚，倒入1汤匙的酒醋。将鸡蛋打入沸水中，煮4分钟。

将煎好的面包丁倒入盘中。将鸡蛋放在盘子中间。

混合剩余的酒醋、芥末、淡奶油及剩余的菜籽油，制作1汤匙的醋泡汁，然后在煮鸡蛋上撒上盐和胡椒粉调味，搭配沙拉享用。

食材功效： 三文鱼是可以助眠的顶级食材。它含有大量的色氨酸和维生素B_6，有助于睡眠。菜籽油含有欧米伽3脂肪酸，能有效减少不利于睡眠的干扰因素。

变换口味： 可以加入一些海莴苣，它的含碘量较高。

营养贴士： 鲜奶油可以为食物带来更多柔滑的感觉，但鲜奶油的脂肪含量高，会降低消化速度，促使体温升高，从而延缓入睡或导致失眠。

黄瓜海白菜三文鱼奶油沙拉

份数：
4人份

准备时间：
10分钟

黄瓜1根
海白菜100克
生三文鱼1块（200克）
炒芝麻2汤匙
小麦胚芽50克
柠檬汁1个柠檬的量
菜籽油1汤匙
淡奶油100毫升
盐适量
黑胡椒碎适量

将黄瓜去皮后切丁，海白菜切碎，三文鱼切丁。

在碗中混合柠檬汁、菜籽油和淡奶油，制成腌泡汁，加盐和胡椒碎调味。

将黄瓜丁、海白菜碎和三文鱼丁放在盘子里，撒上小麦胚芽和芝麻，浇上腌泡汁即可。

食材功效：即使少量的小麦胚芽，也会为您补充天然的镁和维生素B_6。

变换口味：为了起到更好的强身健体作用，可以再加上200克的谷物（如大米、小麦等）。

营养贴士：海白菜的含镁量是小麦胚芽的10倍以上，仅这两种食材已经可以满足身体每日对镁的需求量了。

三蔬鸡肉烩饭

份数：
4人份

准备时间：
15分钟

烹饪时间：
25分钟

意大利大米240克
薄鸡肉片200克
羽衣甘蓝50克
罗马菜花50克
紫甘蓝40克
帕尔玛奶酪50克
白葡萄酒100毫升
分葱2个
黄油50克
鸡汤1.2升
橄榄油3汤匙
盐适量
黑胡椒碎适量

在平底锅中加热200毫升的鸡汤，加入盐和黑胡椒碎调味。倒入一半的羽衣甘蓝、罗马菜花和紫甘蓝，加热至微微沸腾。将三种蔬菜从鸡汤中捞出，混合搅打成蔬菜泥。如有需要，可以再浇些鸡汤在蔬菜中，让菜更软一些。

将鸡肉片切成小丁。中火加热1升鸡汤。

在炒锅中加热橄榄油和切碎的分葱，将分葱炒至半透明状。倒入大米，翻炒一两分钟。加入鸡肉丁，继续翻炒1分钟，让鸡肉颜色变得金黄。当米也变为半透明状并有些黏时，倒入白葡萄酒并充分搅拌。

在米饭中加入1汤匙的热鸡汤，均匀搅拌。当鸡汤被吸收后，加入蔬菜泥和剩下的生蔬菜，再倒入1汤匙鸡汤。继续一勺一勺地倒入鸡汤。将锅离火，加入小块的黄油和搓碎的帕尔玛奶酪，充分混合后盖上锅盖闷2分钟即可。

食材功效：这些蔬菜的抗氧化功效，能让您像小宝宝一样安睡。这种抗氧化作用还可以提升人体对鸡肉中色氨酸的吸收。

变换口味：可以用其他的蔬菜来代替这个食谱中的三种蔬菜。比如：西蓝花、抱子甘蓝、菜花。

营养贴士：晚上可以食用一些含有蛋白质但非刺激性的食物。食用红肉会产生一种酪氨酸，这种氨基酸能让人体兴奋。所以如果要在晚上摄入蛋白质，白肉和鱼类会是更好的选择。

红菊苣金枪鱼意大利面配核桃

份数：
4人份

准备时间：
15分钟

烹饪时间：
20分钟

意大利贝壳面400克
红菊苣200克
油渍番茄125克
蒜3瓣
油渍盐煮金枪鱼腹肉条300克
番茄酱汁200毫升
去壳核桃50克
鲜奶油3汤匙
蛋黄1个
帕尔玛奶酪碎适量

将意大利面倒入盐水中煮熟，红菊苣切成小段，蒜剥皮后切碎，金枪鱼腹肉条切成小块。

在平底锅中倒入1汤匙油加热，加入蒜碎和番茄酱汁，中火加热5分钟并充分搅拌。倒入油渍番茄、鲜奶油和蛋黄，然后倒入金枪鱼腹肉块，最后放入红菊苣段，混合后文火加热5分钟。

意大利面煮熟后，沥干水分，倒入混合酱汁，撒上核桃。

撒些帕尔玛奶酪碎，即可享用。

食材功效：红菊苣不仅新鲜还能使人放松，对于想要减肥的人来说是很棒的选择，因为它的能量非常低。

变换口味：可以用紫甘蓝代替红菊苣。

营养贴士：碳水化合物，尤其是像面一类的食材能够升高血糖，有助于色氨酸代谢，从而帮助睡眠。但要注意不宜吃得过饱，否则会影响睡眠质量。

椰香百香果布丁

份数：　　准备时间：　　烹饪时间：　　冷藏时间：
4人份　　　25分钟　　　1小时　　　　1小时45分钟

鸡蛋3个
糖粉60克
牛奶500毫升
椰果碎或椰子粉20克
百香果果肉1汤匙

在平底锅中中火加热50克糖粉，不要搅拌，当糖粉呈现漂亮的焦糖色时，将其放入小奶酪蛋糕模子中。将烤箱预热到150℃。

在另一个平底锅中，混合加热牛奶和百香果果肉至沸腾。锅离火，静置15分钟。过滤掉百香果。重新加热牛奶，放入椰果碎或椰子粉加热至沸腾。

在沙拉盆中混合搅打鸡蛋和剩下的糖粉，直至打出丰富的泡沫。将沸腾的牛奶慢慢浇在鸡蛋液中，搅拌均匀。也倒入小奶酪蛋糕模子中。

将模子放在深盘中，将沸水倒到深盘一半高的位置，放入烤箱中烤45分钟。

取出后使其自然冷却，再放入冰箱冷藏1小时45分钟。最后脱模，将布丁放在盘中，即可品尝。

食材功效：为了拥有更好的睡眠质量，白天最好摄入一些含有色氨酸的食物，有助于睡眠。这款布丁中有鸡蛋，可以补充人体每天所需的足量色氨酸。

变换口味：可以用缬草或密里萨香草代替百香果。

营养贴士：蛋黄中含有不少的色氨酸，可以优先选用有蛋黄的食材（如莎布蕾酥皮、英式奶油酱、卡仕达酱、蛋黄酱等），同时要注意每天食用的鸡蛋不要超过1个，防止血液中的胆固醇升高。

杏干苹果开心果米布丁

份数：4人份　　准备时间：5分钟　　烹饪时间：20分钟

大米150克
糖粉50克
牛奶1升
黄香蕉苹果1个
无盐去皮开心果50克
杏干4个
香草荚1个

将苹果去皮，切成丁。杏干也切成同样大小。开心果切碎。

在平底锅中加热牛奶、糖粉和切开并去籽的香草荚至沸腾。取出香草荚，将火调小，加入大米、苹果丁、杏干和开心果碎。

加热15分钟，注意搅拌。

将平底锅离火，待米布丁温度不烫后，即可品尝。

食材功效：晚上吃1个苹果可以有效保证睡眠。苹果皮中的活性成分可以起到催眠和镇静的作用，所以最好是直接食用，不要过度处理。

变换口味：可以用无花果干或香蕉干来代替杏干。

营养贴士：为了补充大米中缺乏的氨基酸，平衡膳食，最好在这道食谱的基础上，搭配扁豆类食品食用。

无花果香蕉米浆思慕雪

份数：
4人份

准备时间：
5分钟

香蕉4根
紫皮无花果8个
米浆700毫升
芝麻1小撮
无盐花生20个左右

在平底锅中干炒花生，使花生颜色变为琥珀色。锅离火后将花生碾碎。

将每个无花果切成4份，香蕉去皮，切成圆片。

将所有水果、芝麻和米浆放入搅拌机搅拌，将搅拌好的混合液体倒入杯中，加入花生碎。

食材功效：如果压力影响到睡眠，在晚餐时，您不妨吃些香蕉。香蕉含有丰富的B族维生素，能够有效减轻压力。身体中钾的缺乏也容易让人产生压力。香蕉中的钾可以提高身体中钾的含量，从而起到减压的作用。

变换口味：如果不喜欢浓稠的质感，可以用杏仁露或是豆浆来代替米浆。

营养贴士：这道食谱中的谷物（大米）和油性坚果（花生）是极佳的组合。这两类食物富含的氨基酸能够有效结合，互相补充，促进人体对蛋白质的利用和吸收。

密里萨香草蛋奶

份数：
4人份

准备时间：
10分钟

烹饪时间：
5分钟

牛奶600毫升
鸡蛋4个
糖粉2汤匙
干的密里萨香草1汤匙

在碗中打入鸡蛋，加入糖粉混合搅打，直至鸡蛋液出现丰富的泡沫。

在平底锅中加热牛奶和密里萨香草直至沸腾。

过滤牛奶，拣出密里萨香草。将牛奶浇在鸡蛋液上，不停搅打。

将做好的蛋奶倒入杯中即可。

食材功效：睡前喝牛奶是很好的习惯。含有丰富色氨酸的牛奶是非常好的助眠物，还能缓解胃酸。此外，牛奶中还含有镁和钙，它们都是天然的肌肉放松剂。

变换口味：可以选用洋甘菊或缬草。

营养贴士：有些人不能很好地消化牛奶，低乳糖的牛奶会是更好的选择。也可以选择豆浆或杏仁露，因为它们都含有钙，但没有牛奶中的钙好吸收。可以再饮用含钙丰富的矿泉水，来为身体补钙。

苹果香蕉葡萄干木斯里

份数：
4人份

准备时间：
10分钟

燕麦150克
新鲜牛奶600毫升
苹果2个
粉红葡萄柚汁1个葡萄柚的量
香蕉2个
芒果1个
榛子粉1汤匙
金色葡萄干4汤匙

将苹果去皮后切碎。将芒果和香蕉去皮，切成小块。将葡萄干放入沸水中，煮5分钟。

在大碗中混合所有食材（留下一部分葡萄干用作装饰）。用手持式带刀头的均质机搅拌。

将搅拌好的木斯里倒入大杯子里。撒上剩下的葡萄干。

食材功效：燕麦是一种极佳的助眠谷物，它是褪黑素的有效来源，还含有糖类物质和膳食纤维，能让人产生饱腹感。燕麦中还有钙、镁、维生素B_6和钾，都能让您充分放松。

变换口味：可以按喜好选用其他水果，如猕猴桃、葡萄、杏，还可以在食谱中加入核桃粉或杏仁粉、干杏或椰枣等。

营养贴士：要有良好的睡眠，从早晨就要开始做准备。将咖啡放在一边，摄取些动物蛋白，比如瘦火腿肉、鸡蛋、乳制品或奶酪，当然还有植物蛋白，比如榛子、燕麦等。这些蛋白质能够提供氨基酸，氨基酸又能促进神经传导物质（多巴胺）的产生，让您在白天充满活力，在晚上生成5-羟色胺（有镇静作用）和褪黑素（能够调节睡眠）。

养护
肌肤

营养师的健康建议

饮食对于肌肤的抗衰老能力有着重要的影响。不均衡的饮食或单一的饮食都会加快肌肤老化，还会让机体产生生化现象，即氧化应激和非酶糖基化，这些现象会损害细胞功能，让肌肤失去柔韧度，造成皮肤松弛，产生皱纹。

告诉我平时你都吃些什么，揭秘你的肌肤是如何老化的！

要保持好的身材和健康的肌肤状态，首先要远离那些太过油腻和含糖量高的食物。要知道，过度加工的食品会损害您的肌肤！所以，要尽量选择天然的食材。

年轻的秘密就是选择那些"美肤"食品。

减缓细纹产生

没有什么比锌和硒更能起到抗皱的作用了。它们能够促进细胞再生。您最好能清楚（为了制止您吸烟），吸烟者的皮肤往往大量缺锌！细胞很难更新。海产品、贝类、甲壳类动物、藻类都能补充身体所需的微量元素。如果不喜欢海产品或者过敏，可以进食一些动物内脏或是鸡蛋（尤其是蛋黄），其中也富含锌和硒。

奶酪中也含有丰富的锌，可以选择（适量的）奶酪，比如马卢瓦耶奶酪、莫尔比耶奶酪或者弗里堡瓦什寒奶酪，搭配全麦面包食用。为了激活肌肤的抗衰老能力，没有什么比牡蛎、小茴香奶油和黑麦面包的搭配更合适了。

可选食材：深海贝、牡蛎、鲮鲢、金枪鱼、鳕鱼、龙虾、鲻鱼、箭鱼、鲭鱼、鳗鱼、蟹、紫菜、小牛肝或禽类的肝脏、鹅肝（适量）、蛋黄类制品（如奶油蛋黄酱等）、马卢瓦耶奶酪、莫尔比耶奶酪、弗里堡瓦什寒奶酪等。

提升肌肤光泽度

为了改善肌肤状态，增强光泽度和抗氧化力，我们应该注意脂肪酸的储备，每周进食两次深海鱼类。深海鱼类含有丰富的欧米伽3脂肪酸，有助于保持肌肤弹性，促进肌肤的水合作用。别忘了，菜籽油和亚麻子油也含有大量的欧米伽3脂肪酸。

要注意补充维生素E。这种维生素具有强大的抗氧化力，是美肤神器。它帮助肌肤对抗衰老，同时保持光泽与弹性。补充足量的维生素E，您可以靠某些油类物质或油性坚果帮助。维生素E对光和氧气都很敏感，知道这一点很重要。所以，最好把富含维生素E的食物保存在橱柜中，或是封闭的容器中。

可选食材：葵花子油、麦芽油、葡萄子油、橄榄油、人造奶油、核桃、榛子、杏仁、牛油果。

保持健康肌肤

维生素A可以帮助您拥有美丽的眼睛和肌肤。除了有助视力的优点，维生素A还可以促进伤口愈合，保护肌肤不受外在因素的伤害。要补充维生素A，可以摄入颜色鲜艳的水果和蔬菜，从而补充有益的色素（如β-胡萝卜素和番茄红素）。在黄油和蛋类中也含有维生素A，只是含量稍低。

可选食材：酢浆草、蔓菁、胡萝卜、蒲公英、菠菜、菊苣、苣类、生菜、莙荙菜、西红柿、菜椒、紫甘蓝、杏、油桃、百香果、甜瓜、柿子、木瓜、葡萄柚、芒果、红薯、调香类植物（如香芹、细叶芹、罗勒）。

多酚是养颜抗衰老的秘密武器。这些天然的植物单宁是年轻的守护神。红色水果、荔枝、葡萄、洋蓟、大豆、香芹都含有丰富的单宁。别忘了葡萄酒还有可可，但注意不要过量食用哦！

拥有好气色

为了拥有好气色，您应该多吃些富含维生素C的水果，它们抗氧化的效果显著，能够促进胶原蛋白的合成，让肌肤充满弹性和立体感，起到淡化细纹的作用。柑橘类水果和红色水果都有净化肌肤和增加肌肤弹性的功效。要拥有亮泽肌肤，还可以饮用绿茶，绿茶也能促进肌肤水合作用，帮助肌肤排出毒素，改善缺少光泽的肌肤。

可选食材：猕猴桃、橙子、柠檬、葡萄柚、草莓、蓝莓、覆盆子、石榴、黑加仑、木瓜、浆果、针叶樱桃、香芹、菠菜、抱子甘蓝、西蓝花、苤蓝、辣根菜、红甜椒、绿甜椒。

防止晒伤

要防晒当然要考虑涂抹防晒霜，但您也可以选用某些富含β-胡萝卜素和番茄红素的食物，它们可以有效减轻紫外线对皮肤带来的伤害。大豆可以促进胶原蛋白合成，因此也有很好的护肤效果。皮肤会受到更好的保护，也可以帮您更快地晒出漂亮的古铜色。

小贴士：含硒的食物能够起到很好的抗氧化作用，保护肌肤。

可选食材：西红柿、新鲜的杏或杏干、甜瓜、西瓜、芒果、番石榴、血橙、葡萄柚、木瓜、胡萝卜、菠菜、水田芹、西蓝花、莴苣、蒲公英、大豆、红薯、胡椒粉、枸杞。

所有建议中最重要的就是：让肌肤能进行很好的水合作用，也就是补水。喝水，当然很有必要啦！

让我变美丽的菜篮子

油性坚果:
其中的维生素E能增强肌肤活力

富含维生素C的水果:
血橙等能够激活肌肤细胞再生能力

动物肝脏:
能够起到抗皱作用

百香果:
其中的番茄红素让肌肤充满弹性

红薯南瓜浓汤配瓦什寒奶酪、榛子和杏仁

份数：4人份　准备时间：15分钟　烹饪时间：15分钟

南瓜500克
红薯500克
鸡汤500毫升
瓦什寒奶酪100克
去皮榛子30克
去皮杏仁20克
淡奶油200毫升
洋葱1个
黄油20克
葵花子油1汤匙
生姜粉1/2咖啡匙
全麦面包2片
新鲜香芹几根
盐适量
肉豆蔻粉适量

将红薯和南瓜去皮，切成丁。将洋葱去皮后切成薄片。

在压力锅中加热葵花子油，将黄油融化。倒入洋葱，炒几分钟，再加入所有蔬菜和生姜粉，充分混合。倒入鸡汤，没过蔬菜，盖上锅盖，焖煮15分钟。

将全麦面包切片，奶酪切成小方块。切一下杏仁和榛子，不用切太碎。

汤做好后，打开压力锅，加入淡奶油，用盐和肉豆蔻粉调味。将汤倒入碗中，和面包、奶酪、榛子、杏仁搭配起来。最后装饰几片香芹叶即可。

食材功效：红薯原产于热带，含有丰富的维生素以及微量元素。它带有的色素是抵抗肌肤老化的制胜法宝。果肉颜色越深，色素含量越高，抗氧化能力就越好。

变换口味：如果没买到红薯，可以用胡萝卜来代替，它同样含有丰富的β-胡萝卜素。

营养贴士：锌是美丽的秘诀。这种微量元素能够促进肌肤愈合，预防粉刺的产生。瓦什寒奶酪可以补充身体所需的一半的锌。

鸡肝菠菜沙拉配芒果、牛油果和葡萄柚

份数：
4人份

准备时间：
10分钟

烹饪时间：
10分钟

新鲜菠菜叶150克
芒果1个
牛油果1个
葡萄柚1/2个
鸡肝200克
黄油20克
柠檬汁1个柠檬的量
去皮葵花子1汤匙
芥末1小块
葵花子油适量
盐适量
黑胡椒碎适量

将所有水果去皮后切成小块。将一半柠檬汁浇在牛油果上，防止牛油果变黑。

将菠菜和水果放在盘子里。混合1小块芥末、剩下的柠檬汁、盐、黑胡椒碎和葵花子油，制出腌泡汁。

在平底煎锅中融化黄油，加入鸡肝。将鸡肝各面都煎成金黄，撒上盐和黑胡椒碎。将鸡肝放入盘子里，倒上柠檬腌泡汁，撒上去皮的葵花子。

食材功效：菠菜富含B族维生素，可以促进脱氧核糖核酸的修复作用，降低罹患皮肤癌的风险。它还含有强力抗氧化剂叶黄素，可以降低肌肤刺激，保护肌肤，减缓老化。它是大力水手的秘密武器！

变换口味：如果不喜欢动物肝脏，可以用熏鲱鱼来代替。不需要再烹煮，冷食即可。

营养贴士：叶黄素具有良好的抗氧化功能，配合油性物质食用能够促进吸收。它是一种脂溶性色素，所以葵花子油对于沙拉来说不可或缺。

鸡肝胡萝卜馅饼

份数：4人份　准备时间：30分钟　烹饪时间：30分钟

鸡肝200克
胡萝卜1个
莙荙菜叶4片
洋葱1个
杏干50克
橙汁1个橙子的量
土耳其小麦1汤匙
蛋黄1个
新鲜香芹几根
咸味馅饼皮4张
黄油50克
葵花子油1汤匙
盐适量
黑胡椒碎适量

洋葱去皮后切成薄片。胡萝卜去皮后擦成泥。去掉莙荙菜白色、硬的部分，将剩下的叶子切成小段，不要太碎。将香芹洗净、切碎。将杏干切碎。

将葵花子油倒入平底煎锅中，放入黄油并加热。加入洋葱和莙荙菜，炒一两分钟。放入鸡肝，大火将鸡肝的各面煎至金黄色。倒入橙汁、胡萝卜泥、杏干和土耳其小麦，充分搅拌。锅离火后放香芹，加盐和黑胡椒碎调味。将烤箱预热到180℃。

用刷子将黄油刷在两张饼皮上，将鸡肝和馅料放在一张饼皮上，用另一张盖在上面，包裹好馅料，做成馅饼。用同样的方法把另两张饼皮也做成馅饼。用刷子将打匀的蛋黄液刷在馅饼上。放入烤箱，烤大约15分钟。

食材功效： 人们对动物肝脏的认识往往有误区，实际上动物肝脏对美肤有很好的效果。在这个食谱中，鸡肝可以补充身体对维生素A的需求，这种食材还含有丰富的B族维生素，可帮助保持皮肤弹性。

变换口味： 可以用鸡胸脯肉代替鸡肝。鸡胸脯肉要切成小块再烹制。在摩洛哥，人们有时也用煮熟的鸡蛋来做这种馅饼。

营养贴士： 鸡肝中的硒含量尤为丰富。这是种功效神奇的抗衰老物质，它能有效保护细胞膜。在这道食谱中，鸡肝中的硒与橙汁中的维生素C搭配，美肤效果更佳。

鮟鱇配南瓜甜椒泥

份数：4人份　　准备时间：20分钟　　烹饪时间：30分钟

鮟鱇段800克
南瓜200克
红甜椒2个
蒜1瓣
分葱4个
新鲜香芹几根
柠檬1个
浓稠的鲜奶油100毫升
盐适量
黑胡椒碎适量
大米饭或全麦面包适量

将南瓜、红甜椒、蒜去皮，切成小块，去掉甜椒中的子，将这些食材放入蒸锅蒸20分钟。

将蒸好的食材打碎，撒上盐和黑胡椒调味。加入鲜奶油，隔水加热保持热度。

将鮟鱇段撒上去皮切段的分葱，放在蒸锅中蒸10分钟。取出后撒上盐、黑胡椒碎和香芹叶。南瓜甜椒泥让这道菜更加美味，还可以搭配柠檬，或者米饭和全麦面包食用。

食材功效：想要拥有光滑润泽的肌肤，即使在冬天皮肤也能保持健康状态，吃南瓜就对了。南瓜中丰富的β-胡萝卜素让肌肤告别暗沉。

变换口味：如果想让这道菜更出彩，可以用龙虾来代替鮟鱇，龙虾在蒸锅中蒸10分钟即可。如果将这道菜作为日常饮食，鳕鱼也是不错的选择。

营养贴士：不要看香芹在这道菜中似乎默默无闻，实际上它的作用是非常重要的。小小的几根就能补充每日所需的1/3的维生素C。

圣雅克扇贝配香草、芒果和百香果

份数：
4人份

准备时间：
20分钟

圣雅克扇贝12个
芒果1/2个
熟透的百香果2个
香草荚1个
葵花子油3汤匙
多种生菜和芳香植物混合菜
（蒲公英、直茎莴苣、菠菜、水田芹、酢浆草、香芹等）适量
麦芽2小撮
盐适量
黑胡椒碎适量

将芒果去皮后切成薄片。百香果切成两半，取出子和果汁，用于制作酱汁。

将圣雅克扇贝肉洗净，小心地切成薄片。将扇贝肉片和芒果片放在盘子里，搭配一些选好的蔬菜。

混合百香果子、果汁和葵花子油，制成酱汁。切开香草荚，取出香草子，大约1刀尖的量，加入酱汁中，撒上盐和黑胡椒碎。用这种酱汁给圣雅克扇贝调味，酱汁也用于搭配多种生菜和芳香植物的混合菜。

在圣雅克扇贝上撒上少量麦芽后即可品尝。

食材功效： 健康肌肤的秘密就在麦芽之中。B族维生素能为肌肤源源不断地补充水分。还可以改善油性肤质。

变换口味： 夏天可以用甜瓜代替芒果，还可以用杏代替百香果。

营养贴士： 圣雅克扇贝是蛋白质的极佳来源。但它最突出的特征还是富含氨基酸和欧米伽3脂肪酸。氨基酸的补充可以重塑肌肤弹性，但人体器官难以生成足量的氨基酸。另外，扇贝的能量很低，毫无疑问这有利于保持纤细的身材。

鳕鱼配酢浆草、菠菜和香橙

份数：4人份　　准备时间：15分钟　　烹饪时间：10分钟

绿青鳕鱼肉4长条
新鲜菠菜叶100克
新鲜酢浆草50克
洋葱1个
藜麦4汤匙
柠檬1/2个
橙子1个
菜籽油少许
新鲜香芹适量
盐适量
黑胡椒碎适量

将半个橙子和半个柠檬的皮擦成丝。橙子榨汁。洋葱去皮后切细丝。

裁出4张边长为25厘米的方形烤箱纸，在每张纸中间分别放上1汤匙藜麦，铺上几片菠菜叶、酢浆草和少量洋葱丝。再在上面分别放上1长条鳕鱼肉，浇上少许橙汁和菜籽油，用盐和黑胡椒碎调味。最后撒上几个香芹段，一些橙皮丝和柠檬皮丝，用烤纸包好所有配料。

将绿青鳕鱼肉放入蒸锅蒸10分钟，蒸好后即可品尝。

食材功效：维生素C不仅有抗氧化的功效，还能促进胶原蛋白的生成。胶原蛋白对保持肌肤紧致和弹力起到重要作用。提到维生素C，我们很自然地就想到柑橘类水果，但实际上酢浆草中的维生素C也非常丰富。同等重量下，酢浆草的维生素C含量和柠檬是相同的。

变换口味：无须鳕鱼同样富含硒（抗老化）。如果没买到绿青鳕鱼，也可以用它来代替。

营养贴士：注意这道菜不能和奶制品一起食用。菠菜和酢浆草在这道菜中非常重要，但它们含有草酸，会阻碍钙吸收。

沙丁鱼配莙荙菜

份数：
4人份

准备时间：
15分钟

烹饪时间：
20分钟

掏空鱼腹的沙丁鱼8条
莙荙菜2片
柠檬汁1个柠檬的量
松子30克
鸡蛋1个
全麦面包1片
费塔奶酪50克
橄榄油2汤匙
芳香蔬菜（香芹、香菜、迷迭香、墨角兰、罗勒等）1捆
胡椒粉1刀尖的量
盐适量
黑胡椒碎适量

将芳香蔬菜和莙荙菜洗净，去掉较硬的部分。将全麦面包切成小块。

混合芳香蔬菜、莙荙菜、鸡蛋、费塔奶酪、松子、胡椒粉、柠檬汁和面包块，撒上盐和黑胡椒碎调味，制作填馅。

将填馅塞进沙丁鱼腹中，滴入橄榄油。将鱼放在烧烤架上，每面烤10分钟，或是在烤箱中以200℃烤10分钟。

食材功效：深海鱼类如沙丁鱼，或是油性坚果如松子，都含有欧米伽3脂肪酸，能够减少自由基对皮肤的危害，从而让肌肤重新焕发活力。这些欧米伽3脂肪酸遇到红葡萄酒中的单宁时，会更容易被人体吸收。

变换口味：同样的馅料也可以填进鱿鱼中。鱿鱼要先在开水中烫四五分钟，然后填馅，再放到烧烤架或烤箱中烤。

营养贴士：如果您喜欢吃辣，就选择胡椒粉吧，它含有极其丰富的维生素A。

鲜薄荷香橙柿子沙拉

份数：
4人份

准备时间：
15分钟

橙子4个
熟柿子2个
杏干6个
核桃10个
鲜薄荷叶几片
黑胡椒碎适量

将1个橙子榨汁。将核桃切成大块，杏干切成小方块。剩下的3个橙子剥皮。如果柿子不是有机的，请去掉柿子皮。

将所有水果切成薄片。将水果、核桃、杏干装盘，加入剪碎的鲜薄荷叶，浇上橙汁，撒上黑胡椒碎即可。

食材功效：柿子原产于亚洲，它美丽的颜色就标志着它含有丰富的抗氧化物质。柿子中的多元醇能起到充分的抗氧化作用，但前提是最好不要去皮，因为柿子皮里的多元醇含量是最丰富的。尽量选用有机食品，这样就能避免接触到农药或是其他有害健康的化学物质了。

变换口味：可以选用各种各样的草本植物，让食谱更加丰富，香菜、细叶芹、香芹都可以。可以用其他菜来做实验，结果可能会让您大吃一惊呢。

营养贴士：柿子越成熟，含有的糖分就越多，但维生素C的含量就会相应地减少。

罗勒甜瓜杏子冷汤

份数：
4人份

准备时间：
15分钟

冷藏时间：
1小时

熟的小甜瓜2个
熟杏500克
黑加仑100克
杏仁薄片30克
新鲜罗勒叶10片

将甜瓜切开，挖出果肉并切成小块。杏去核。将黑加仑和罗勒洗净。

将甜瓜、杏肉、一半的罗勒叶在搅拌机中混合搅拌，打成浓汤，在冰箱中冷藏1小时。

将冷汤倒在杯子中，撒上杏仁薄片和几颗黑加仑，放上罗勒叶后即可品尝。

食材功效：杏仁是美肤明星，杏仁中的维生素E能够延缓细胞衰老。只杏仁这一种食材就可以满足您日常所需的1/3的维生素E。

变换口味：冬天的时候，可以用芒果、柿子、百香果来代替杏和甜瓜。或者可以直接用冷冻保鲜的杏。

营养贴士：要在夏天保持良好的肌肤状态，就来品尝这道色泽鲜亮又健康的冷汤吧。未经过度加工的天然食材完美地保留了食材中的抗氧化物质。

排毒

营养师的健康建议

疲惫、压力、过量饮食、烟、酒、环境污染……身体必须要休息了。是时候行动起来，赶走身体中堆积的毒素，还您一个健康有活力的身体和快乐的情绪了。

排毒就是好的开始

排毒首先是要改正不良的生活习惯。在饮食上当然也要有所改变，饮食与排毒有着紧密的联系。

排毒并不意味着节食，虽然有时候人们会这样建议，但节食只是通过让消化系统暂时休息，从而达到排毒的效果。

我们需要多样又健康的饮食。要达到排毒的目的，就要选择那些有利于排除身体多余水分而不是容易产生酸性废料的食物。当然，我们也要努力使矿物质和维生素达到平衡，不要造成营养不良。

断食或是严苛的节食，还有偏食（单一饮食）没有什么益处。我们只需要做到膳食平衡就可以了。平衡膳食不是节食，排毒并不是减肥。而且，并不是每个人都需要排毒，尤其是孕妇和孩子。

排出毒素

水果和蔬菜都有排水和利尿的作用，因此可以帮助身体有效排毒。水果和蔬菜还富含多种维生素和矿物质，这些元素对身体来说不可或缺。它们还富含多酚，用以对抗毒素。

为了排出身体的毒素，先要有好的肠道消化功能。肠道需要足够的益生菌。酸奶等发酵乳品中含有大量的益生菌，能够解决消化问题，还能赶走有害细菌。

洋葱具有多效的排毒作用。洋葱中富含膳食纤维，能促进肠道蠕动，帮助肾脏排水，帮助肝脏抵御重金属侵害，还有灭菌和抗炎的作用。

可选食材： 甜菜、韭葱、圆白菜、芦笋、黑萝卜、芹菜、茴香、四季豆、菜豆、洋葱、酸奶、发酵乳、巴西莓、针叶樱桃、枸杞、黑加仑、蔓越莓、覆盆子、石榴、桑葚、蓝莓、柠檬。

补充欧米伽3脂肪酸

欧米伽3脂肪酸是您的排毒小助手，有助于消除有毒化合物带来的炎症。油性坚果和用油性坚果榨出的油能为人体补充大量具有抗炎作用的欧米伽3脂肪酸，修复因毒素而产生炎症的肠道，还能舒缓肝脏。可以优先选用体型较小的鱼，因为体型较大的深海鱼（如三文鱼或金枪鱼）更容易携带环境造成的污染物。

可选食材：油性坚果、鲭鱼、沙丁鱼、牡蛎。

补水又排毒

为了排出毒素，我们需要将毒素从器官中清除出去。因此要多喝水！每天至少喝1.5升水，来帮助排出身体内的毒素。

很多植物都是排毒好帮手，比如茶。茶中含有有效的抗氧化物，可以驱除自由基。推荐药茶，可以帮助补水排毒。

一些健康制剂是以植物为原料的，比如白蜡树、猫须草、樱桃柄、山柳菊、木贼、绣线菊等。这些具有利尿功能的植物有助于增强肾脏的过滤功效。但摄入这些植物不要连续超过10天，否则有可能减弱肾脏功能。

汤也有不错的效果，排毒养颜汤效果十分明显。汤能带来蔬菜的好处，同时还能为身体补水。不要忘了在汤里加一些蒲公英或荨麻，它们都有利尿和净化作用。

可选食材：绿茶、柠檬汁。

补充优质蛋白

瘦白肉（如鸡肉、火鸡肉）可以满足您对蛋白质的日常需求，也可以吃些鱼肉。白肉比红肉含有的饱和脂肪酸更少。也可以食用豆腐、大豆或全麦谷物来补充蛋白质。

可选食材：全麦谷物、豆腐、大豆、鱼类、火鸡肉、鸡肉。

有些调味料也有排毒效果：姜黄粉、生姜或桂皮都有抗氧化和抗炎效果。它们还有助于充分消化油脂。姜黄粉中的姜黄素能够帮助肝脏排毒，还能促进胆汁分泌，从而更好地消化脂类物质。

可选食材：姜黄粉、咖喱、生姜、孜然、龙蒿、香菜。

让我排出毒素的菜篮子

洋姜圆白菜韭葱糙米汤

份数：
4人份

准备时间：
20分钟

烹饪时间：
30分钟

洋姜500克
圆白菜1/2个
韭葱2个
洋葱1个
姜黄粉1汤匙
姜粉1咖啡匙
菜籽油1汤匙
糙米4汤匙
亚麻子1汤匙
盐适量
黑胡椒碎适量

将洋姜和洋葱去皮。圆白菜、韭葱、洋葱切碎。洋姜切成小块。

在平底锅中加热菜籽油，加入姜黄粉和姜粉充分加热，放入韭葱、洋葱炒5分钟。加入其他蔬菜，倒水，没过蔬菜，加热20分钟左右。同时将糙米倒入另一锅中用盐水煮熟。

将汤里的蔬菜搅碎，撒上盐和黑胡椒碎调味。将做好的汤倒入汤盘中，撒上亚麻子和糙米，完成令人精力充沛的一餐。

食材功效：洋姜是一种块茎植物，其中含有菊糖，带来甜味的同时能够促进肠道蠕动。洋姜中含有的膳食纤维也具有同样的作用，它是膳食纤维含量最高的植物之一。

变换口味：可以选用新鲜的生姜，要给生姜去皮，磨碎，再和其他的香辛料一起加热。

营养贴士：韭葱是排毒之王，其中的水分含量达到90%，还含有多种膳食纤维，有助于肠道消化和健康。它的钾含量丰富，但钠含量很低，这使它能够更好地提升肾脏功能，有效过滤和排出毒素。韭葱还含有维生素B_9和维生素B_6。

泰式牡蛎汤

份数：
4人份

准备时间：
10分钟

烹饪时间：
10分钟

牡蛎12个
酱油2汤匙
黑萝卜1个
鲜姜2厘米
香茅1根
新鲜或干的鸟眼辣椒1个
圆白菜叶4片
葱1根
新鲜香菜几根
蒜1瓣

剥蒜。给生姜和黑萝卜去皮，切成薄片。将香茅、葱和圆白菜叶切碎。将生姜、香茅、酱油和蒜放入1升水中，加热至沸腾后，将火调小，加入所有蔬菜，继续加热5分钟。

将汤倒入碗中，放入去壳的牡蛎。牡蛎浸在热汤中，会慢慢变熟。装饰上一些新鲜的香菜叶，即可品尝。

食材功效：所有圆白菜都含有一种叫谷胱甘肽的物质，这种物质具有明显的抗氧化作用。谷胱甘肽还具有解毒功效，对肝脏有益。如果不喜欢圆白菜的味道，可以先在开水中烫一下。

变换口味：如果想让食谱具有更多的异域风情，可以用高良姜这种泰国块根植物代替生姜，再用圣雅克扇贝代替牡蛎。

营养贴士：香菜叶也能起到为器官排毒的作用，可以去除重金属元素，如铅、铝、汞等，这些元素很容易在人体内沉积。如果要用香菜进行排毒的话，连续食用2周即可。

芦笋火鸡卷配洋蓟酱

份数：4人份　准备时间：15分钟　烹饪时间：5分钟

火鸡精肉片4片
绿芦笋12根
熟洋蓟300克
姜粉适量
蒜粉2小撮
全谷物混合物（燕麦、小麦、大米）适量
盐适量
黑胡椒碎适量

去掉芦笋较硬的根部，在盐水中汆烫5分钟后，将芦笋捞出放在吸水纸上待用。将全谷物混合物倒入煮芦笋的水中煮熟。

将熟洋蓟和1小撮蒜粉混合，加盐和黑胡椒碎调味，做成洋蓟酱。

如果有必要的话，可以用肉槌将火鸡肉片擀平整。在火鸡肉片一面撒上姜粉和蒜粉，再撒上盐和黑胡椒碎调味。

将3根芦笋铺在火鸡肉片上，向内卷起肉片。如果芦笋超出肉片的长度过多，就切掉多余的部分。将剩余芦笋和火鸡肉片也卷成卷。用食品保鲜膜将火鸡肉卷卷好，一定要卷紧，放在盘中，再放入微波炉，最大火力烹制4分钟。

火鸡卷熟后，取下保鲜膜，注意不要烫着。将火鸡卷切成一个个的小卷，搭配全谷物和加热好的洋蓟酱品尝。

食材功效： 姜的一个不广为人知的功效就是它的促消化作用，它能够促进胆汁分泌，促进肠道蠕动。

变换口味： 也可以用鸡肉片来制作。如果不喜欢用微波炉，也可以用蒸锅，不过要稍微多蒸几分钟。

营养贴士： 进行排毒食疗，最好优先选用富含植物蛋白的全谷物类食品，同时减少对动物蛋白质的摄入，一天最好只摄入一次，而且要选择油脂含量低的和最容易消化的，如：鸡肉、鱼肉等白肉。

孜然龙蒿洋蓟煮鸡蛋

份数：
4人份

准备时间：
10分钟

烹饪时间：
30分钟

洋蓟4个
鸡蛋4个
希腊酸奶1个
柠檬汁1个柠檬的量
孜然粒少许
黑橄榄10个
龙蒿适量
新鲜香芹适量
盐适量
黑胡椒碎适量

将鸡蛋放入冷水中，加热煮10分钟。

去掉洋蓟的根部，蒸20分钟。完全冷却后，取出洋蓟芯，浇上柠檬汁，防止变黑。

将酸奶抹在洋蓟芯上面。将鸡蛋切成小块，黑橄榄切成小碎块，龙蒿和香芹剪碎。

将鸡蛋、龙蒿、香芹和黑橄榄铺在洋蓟芯上，叠起来，撒上一些孜然粒，再撒上盐和黑胡椒碎调味。

食材功效：洋蓟可以促进胆汁分泌，帮助消化。它还能帮助肝脏排出多余油分。在节日期间，饮食比较油腻，还会饮酒，这时洋蓟的作用就会更加明显。排油就靠它了！

变换口味：如果家里没有孜然，可以用姜黄粉来调味，撒在洋蓟芯上。

营养贴士：为了充满活力，同时拥有钢铁般硬朗的身体，吃一些孜然粒吧。1小撮孜然粒的铁含量与1盘扁豆相当。

孜然浓缩酸奶配脆蔬菜

份数：4人份　　准备时间：20分钟　　冷藏时间：12小时

保加利亚酸奶500毫升
孜然粉1小撮
孜然粒1小撮
橄榄油适量
芝麻粒1咖啡匙
盐适量
黑胡椒碎适量

脆蔬菜：
绿芦笋4根
芹菜1根
茴香1/2个
比利时菊苣2个
口蘑若干
四季豆若干
可连荚吃的菜豆适量

在盆里铺上一块滤布，将保加利亚酸奶倒在上面，把滤布挂在盆上一晚，沥干酸奶中的水。

将酸奶盆放入冰箱冷藏12小时，酸奶的质地变干，有点像鲜奶酪一样，将酸奶倒入碗中，撒上孜然粉和孜然粒，倒上适量橄榄油调香。加入芝麻粒、盐和黑胡椒碎调味。

将所有蔬菜洗净、去皮、切成小段，蘸着酸奶品尝。

食材功效：芦笋中的可溶性膳食纤维和不溶性膳食纤维出奇地平衡，它就像肠道消化的调节器。芦笋中丰富的钾可以起到利尿作用，它还含有其他能够增进肾脏过滤作用的有效成分。

变换口味：如果想用别的香辛料搭配酸奶，可以用咖喱或香菜粉代替孜然。咖喱和香菜粉也含有丰富的镁。

营养贴士：与普通牛奶相比，发酵乳品中的益生菌可以促进矿物质（如钙、磷、铁和锌）的吸收。

南瓜子奶酪荨麻汤

份数：4人份　准备时间：10分钟　烹饪时间：20分钟

荨麻叶500克
洋葱1个
土豆4个
白奶酪100克
卡蒙贝尔奶酪60克
去皮南瓜子1汤匙
菜籽油1汤匙
盐适量
黑胡椒碎适量
黑麦面包适量

将荨麻叶洗净后，去掉最粗的茎。洋葱剥皮后切成薄片。土豆去皮后切成小丁。

在平底锅中加热菜籽油，放入洋葱片、荨麻叶和小土豆丁，然后倒水，没过混合物，煮20分钟，然后充分搅拌成细糊状，加入白奶酪，混合搅拌。加盐和黑胡椒碎调味。

将黑麦面包切成丁，平底锅中倒入少许菜籽油，大火将面包丁煎至金黄色。

将卡蒙贝尔奶酪切成小块。将做好的蔬菜汤倒入碗中，加入卡蒙贝尔奶酪、南瓜子和煎面包丁。

食材功效：荨麻的味道会让人有些讨厌，但它对健康很有好处。除了利尿和净化作用，它还富含铁、钙、镁等元素。同等重量下，它的维生素C含量高于橙子。

变换口味：可以选用其他品种的奶酪：布里奶酪、布里亚-萨瓦兰奶酪、奶酪砖等。它们的营养成分和健康效果是类似的。

营养贴士：南瓜子有利尿作用，还能预防前列腺炎。得益于高含量的膳食纤维，南瓜子还有通便作用，但不能炒制。

生姜柠檬绿茶

份数：4人份　　准备时间：10分钟　　烹饪时间：5分钟　　冷藏时间：2小时

天然矿泉水1升
煎绿茶2汤匙
鲜姜1厘米
柠檬汁1个柠檬的量
柠檬片4片
冰块适量

生姜去皮后擦成丝。

将水加热至80℃，倒在煎绿茶、姜和柠檬汁的混合物上，静置四五分钟。

将茶叶过滤出来，将茶汤放入冰箱冷藏至少2小时，使其彻底冷却后，倒在玻璃杯中，放上柠檬片，加入冰块后即可品尝。

食材功效：说到排毒，没有什么比柠檬更好的了，我们找到了"排毒之王"。柠檬中酸性成分会促进唾液和胆汁分泌，它们都属于消化液。柠檬还有助于油脂或酒精的代谢。高比例的钾能起到利尿的作用。总之，没什么比柠檬更利于排毒了。

变换口味：可以用柠檬片给绿茶带来清新香味，只需将柠檬片泡进绿茶里即可。

营养贴士：绿茶中含有一种叫做儿茶素的物质，是高效抗氧化剂，但这种物质往往很容易被胃液破坏。研究表明，如果柠檬与绿茶一起搭配饮用，就能有效保存这种物质。

樱桃蔓越莓酸奶

份数：
4人份

准备时间：
10分钟+6小时

烹饪时间：
1小时

酸奶：
全脂牛奶1升
全脂牛奶制作的酸奶1/2罐

水果糊：
熟透的樱桃200克
新鲜的蔓越莓100克
迷迭香几枝

在平底锅中文火加热牛奶，沸腾后将火调小，让牛奶总量减少1/4。锅离火后盖上一块布，让牛奶冷却至40℃（使用烹饪专用电子温度计测量温度，或者将手指浸入牛奶中，如果觉得热热的，但不是很烫就表示温度可以了）。加入酸奶，混合搅拌均匀。将混合物倒在玻璃罐中，包上保鲜膜，将其完全密封起来（如果需要的话，可以绑上橡皮筋）。

将玻璃罐放在深盘里，往盘子里倒些热水或温水，直至和牛奶酸奶混合物同样的高度。放入烤箱中，45℃烤15~20分钟。烤好后保持烤箱门关闭，在烤箱中静置6小时（最好是一整晚）后，将其放入冰箱。酸奶可保存1周至10天。

制作水果糊。将樱桃去柄、洗净（樱桃柄不要扔掉，可以用来制作药茶，有很好的利尿作用）、去核，和蔓越莓一起放入搅拌机搅拌。放入几根新鲜的、事先切碎的迷迭香。

食用酸奶时加入水果糊即可。

食材功效： 蔓越莓好处多多，它能促进胃液分泌，增强胃部对细菌的抵抗力。蔓越莓对生殖泌尿系统问题也有良好的改善作用。

变换口味： 如果没买到新鲜的蔓越莓，也可以选用蔓越莓干。但要注意减少摄入量，因为蔓越莓干酸度更轻，甜度更高。200克的樱桃最好搭配50克的蔓越莓干。

营养贴士： 可以选择李子干，它含有天然通便剂酒石酸，还有抗氧化和排毒的功效。李子干可以促进肠胃蠕动，使人体更快地排出体内垃圾。

增强免疫力

营养师的健康建议

伤风、咳嗽、流感、疲惫、压力……各种病痛侵袭会给器官带来巨大的考验。如果免疫系统衰弱，就不能很好地抵抗炎症。但是，如果我们能够注意饮食，就能增强身体免疫力，预防身体不适。为了抵御那些有害微生物与病毒，最好这样做：

维生素 A、维生素 D 增强抵抗力

深海鱼类、动物肝脏和鸡蛋都是白细胞的帮手，是免疫系统的卫士。事实上，维生素D有激活淋巴细胞（如T细胞）的作用，这种细胞在免疫反应中扮演着重要的角色。维生素A同样有增强免疫力的作用，鱼类中含有较多的维生素A，在富含β-胡萝卜素的一些蔬菜中也含有丰富的维生素A。

可选食材：鲭鱼、沙丁鱼、金枪鱼、三文鱼、鳀鱼、鲱鱼、鳟鱼、鲈鱼、鱼卵、鹅肝、小牛肝、鸡蛋黄、黄油、软奶酪、红薯、胡萝卜、菠菜、南瓜、圆白菜、蒲公英、莙荙菜、香芹、香菜。

维生素 C 让您充满活力

为了增强活力，多吃些色彩丰富的食物，比如蔬菜和水果。蔬菜和水果富含维生素C，帮助对抗疲劳和感染。

可选食材：红果系列（如黑加仑、草莓、醋栗）、柑橘类水果（如柠檬、橙子、西柚、金橘、橘子、箭叶橙、日本柚、葡萄柚）、针叶樱桃、枸杞、番石榴、木瓜、猕猴桃、蔬菜（如红甜椒、辣椒、蔓菁、茴香、菠菜、酢浆草、抱子甘蓝、野苣、水田芹、香菜）。

锌和铜帮助对抗有害微生物

海产品和动物肝脏都富含锌和铜，有抗炎作用。不要忘了黑麦面包和某些奶酪，比如瓦什寒奶酪、莫尔比耶奶酪、马卢瓦耶奶酪等，它们都含有丰富的锌元素。

可选食材：肝脏（如小牛肝和羊肝）、牡蛎、枪乌贼、蟹、油性坚果（如腰果、葵花子、榛子、巴西坚果、南瓜子）。

铁和镁抗疲劳

全谷物、干果、油性坚果都凭借本身的镁含量具有抗疲劳的功效。如果从体重

上考虑，绿色蔬菜更合适您，它们富含镁。也可以吃几块黑巧克力，它会让您愉快又健康。

可选食材：全麦面包、燕麦、糙米、藜麦、土耳其小麦、豆类（如扁豆、小红扁豆、鹰嘴豆、四季豆、白芸豆、红豆、绿豆、豌豆）、南瓜子、亚麻子、葵花子、奇亚籽、巴西坚果、杏仁、松子、洋蓟、菠菜、菜豆、圆白菜、芝麻菜、香蕉、防风草。

缺铁会导致免疫力下降，所以应该摄入充足的红肉。如果喜欢海产品的话，可以选择蛤类、贻贝、滨螺。如果更倾向于摄入植物中的铁，那藻类和豆类是不错的选择。

硒激活白细胞

人体往往会缺少硒，鱼类或海产品可以满足您对这种微量元素的需求。硒有很好的抗氧化作用，对增强免疫力有着基础性作用。不要忘了油性坚果和全谷物食物，它们也含有硒。

益生菌增强内部抵抗力

益生菌挤满肠道，对肠道有保护作用。它们能平衡体内油脂，增强抵抗力。一般奶制品中会含有这种益生菌，天然酵母面包或是某些以大豆为原料的食物中也有。

可选食材：天然酸奶、有机酸奶、发酵乳品（如奶块、克非尔奶酒、乳清、印度发酵乳饮品）、带绿色霉点的奶酪（罗克福奶酪、蓝纹奶酪、佛姆·德·阿姆博特奶酪）、以大豆为原料的酱料（如酱油、日本酱油、味噌、丹贝）、泡菜（如腌酸菜）。

其他重要的食材

绿茶有非常好的抗氧化活性，能够增强免疫力。日本抹茶或煎茶含有非常多的活性因子。姜黄中的姜黄素让它有很好的抗菌作用，姜黄素也是一种强力抗氧化剂。

让我增强免疫力的菜篮子

发酵乳品： 富含益生菌，增强肠道抵抗力

天然酵母面包： 含有益生菌，能够平衡肠道菌群

大蒜： 有杀菌作用

枸杞和桑葚： 抗氧化物可以起到增强免疫力的功效

香菇： 可以增强器官的免疫能力，还可以减压

香菇猪肉味噌汤

份数：
4人份

准备时间：
10分钟

烹饪时间：
10分钟

日式高汤500毫升
味噌1块
香菇4朵
猪里脊肉80克
葱1根
新鲜四季豆100克
黑萝卜3厘米
日式裙带菜碎3克
新鲜香芹几根

给葱和黑萝卜去皮，香菇洗净，全部切成薄片。将猪里脊肉片成薄片。

在平底锅中加热日式高汤（不要沸腾），加入味噌，充分搅拌。

倒入切好的蔬菜、裙带菜碎和猪肉片，煮至肉变熟。放几片香芹叶，即可品尝。

食材功效：香菇对增强人体器官免疫力有着显著功效，还有减压的作用。其他原产于亚洲的蘑菇，比如灵芝、栗子蘑也有同样的功效。注意，蘑菇一定要做熟。

变换口味：可以用火鸡或豆腐块来代替猪里脊肉。

营养贴士：藻类和芳香草本植物都可以有效补充人体所需的铁。如果您食用了这些食材，就不要喝茶，因为茶会阻碍铁的吸收。

西蓝花抱子甘蓝沙拉配奶酪酱

份数：4人份　　准备时间：10分钟　　烹饪时间：10分钟

西蓝花400克
抱子甘蓝400克
石榴1/2个
黑橄榄20多个
芥末1咖啡匙
罗克福奶酪150克
保加利亚酸奶1杯
菜籽油50毫升
天然酵母面包2厚片
盐适量
黑胡椒碎适量

将西兰花和抱子甘蓝洗净，去掉抱子甘蓝外层的叶子，将所有蔬菜放在蒸锅中蒸10分钟，不要蒸得太软，还要保持脆的口感。剥开石榴，取子。

混合芥末、酸奶、盐、黑胡椒碎和菜籽油，调成酱料。将罗克福奶酪切成小丁，倒入酱料中。

将蔬菜沥干水分。将蔬菜、石榴粒、黑橄榄放在盘中，再摆上酵母面包丁，蘸着酱料食用。

食材功效：石榴的抗氧化作用非常强大，比茶和红酒中单宁的抗氧化作用高三四倍。这就使它拥有抗炎、杀菌、抗病毒的功效。1杯以石榴为原料制成的鸡尾酒是赶走冬日身体不适的天然处方。

变换口味：可以用球茎甘蓝来代替抱子甘蓝。如果您不喜欢罗克福奶酪，可以用其他的蓝纹奶酪代替，如佛姆·德·阿姆博特奶酪或喀斯蓝纹奶酪等，它们都有同样的效果。

营养贴士：本食谱中的蔬菜（甘蓝属）可以百分之百满足您对维生素C的需求。

海鲜藏红花时蔬饭

份数：
4人份

准备时间：
20分钟

烹饪时间：
35分钟

西班牙圆米（或制作烩饭的专用米）320克
虾8个
贻贝8个
小豌豆50克
豆荚50克
熟透的西红柿1个
蒜4瓣
蔬菜汤1升
味道较淡的辣椒粉1咖啡匙
干藏红花12个
新鲜香芹几根
橄榄油适量
盐适量
黑胡椒碎适量

将藏红花泡入100毫升热水中。去掉豆荚的梗，将豆荚切小。剥1瓣蒜并切成蒜末。给西红柿去皮。

将1大撮盐撒在平底煎锅或海鲜饭专用锅的锅底。

热锅后倒入橄榄油，放入3个蒜瓣和豆荚煎至金黄。煎好后，将蒜和豆荚推到锅沿。倒入蒜末，煎至金黄，然后倒入去皮的西红柿和辣椒粉，充分混合。待西红柿变成浓稠汤汁后，倒入藏红花，倒些水和蔬菜汤。注意汤里可以多放些盐（因为汤是要泡米饭和蔬菜，给它们增味的）。

将蔬菜汤加热至沸腾，放入圆米、小豌豆、虾和贻贝。稍煮片刻取出，将这些食材倒入平底锅中，大火加热七八分钟后将火调小，文火加热8～10分钟。米一定要完全煮熟，没熟就加些水，继续煮。最后大火加热2分钟，让平底煎锅底部稍微有一点焦。

静置5分钟，撒些新鲜的香芹碎和黑胡椒碎即可品尝。

食材功效：藏红花好处多多。藏红花富含类胡萝卜素（如维生素A），还有抗氧化的功效，已证明它还有抗癌作用。

变换口味：这种西班牙风情的烩饭可以有很多种做法，可搭配菠菜、洋蓟、笋尖等。

营养贴士：这道食谱中的海产品可以满足您身体所需的硒一半的量。香芹看起来不起眼，但它富含维生素C，可以促进人体器官对硒的吸收。

酸菜海鲜拼盘

份数：
4人份

准备时间：
10分钟

烹饪时间：
20分钟

熟酸菜800克
三文鱼4小块
熏鲱鱼4长条
虾4只
鱿鱼2只
熟蛾螺12个
土豆4个
芥末酱适量
新鲜细香葱或香芹适量

土豆去皮，切成两半，如果土豆比较大，就切成4块；将鱿鱼切成小圈。

将土豆放在大蒸锅中蒸5分钟；放入酸菜，再蒸5分钟；放三文鱼和虾，继续蒸5分钟；最后放入熏鲱鱼和熟蛾螺，蒸5分钟。

在食用前一定要确认土豆已经做熟。加入少量的细香葱或香芹，配着芥末酱或蛋黄酱品尝。

食材功效：与现有的一些观点不同，酸菜实际上是一种纤体食材，从营养学的角度来说，它的能量很低，还富含维生素C（1份酸菜中的维生素C含量可满足您身体所需的2/3的维生素C）和膳食纤维。酸菜和发酵乳制品同样含有有利于人体健康的益生菌。总的来说，它是人们在冬天抗炎的理想搭档。

变换口味：可以加入一些黑线鳕鱼。

营养贴士：这道食谱的好处就是可以取代传统的猪肉类食品（含有大量的饱和脂肪酸，会阻塞血管）。各种各样的海产品都含有欧米伽3脂肪酸，还有铁和其他微量元素。这是一道可以增强人体免疫力的食谱，还有助于神经系统的平衡。

西班牙火腿蒜汤

份数：4人份　准备时间：15分钟　烹饪时间：30分钟

蒜10瓣
无油鸡汤1升
橄榄油100毫升
酵母面包4厚片
匈牙利辣椒粉2咖啡匙
新鲜鸡蛋4个
西班牙赛拉诺火腿100克
香芹碎1汤匙
酒醋1汤匙

蒜剥皮并切碎。在炖锅中加热橄榄油，放入大蒜碎，炒至金黄色后加入辣椒粉，充分搅拌，小火加热几分钟。倒入无油鸡汤，继续煮20分钟。

将酵母面包切成小丁，倒入汤中，小火煮5分钟。在平底锅中加热一锅水至微滚，倒入酒醋。将鸡蛋打进平底锅中，煮4分钟。

将汤倒在碗中后，放入火腿条和鸡蛋，再撒上一些香芹碎。

食材功效：用来制作长棍面包的面粉里含有一种阻碍矿物质吸收的物质植酸，而在天然酵母面包中，植酸被破坏了，所以不存在这个缺点。

变换口味：可以让食材更加多样，如加入干火腿、新鲜火腿、熏豆腐、核桃等。

营养贴士：大蒜中含有益生菌，可以增强免疫力。众所周知，大蒜有很好的杀菌作用。每天食用2瓣以上的大蒜，它的作用才能发挥到最佳。当然，前提是您愿意的话。

荔枝石榴白桑葚奶昔

份数：
4人份

准备时间：
10分钟

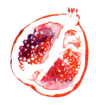

酸奶200毫升
去核荔枝250克
石榴1/2个
香蕉1个
柠檬汁1汤匙
白桑葚40克

香蕉剥皮后切成圆片。将香蕉、柠檬汁和荔枝放入搅拌机打碎。加入酸奶，继续搅打成奶昔。

将搅拌好的奶昔放在玻璃杯中，倒入石榴粒和白桑葚。

食材功效：秋季吃些白桑葚，能为身体带来生机与活力。白桑葚含有丰富的维生素C和铁。它的营养价值还表现在其含有的白藜芦醇（葡萄中也有）上，这是一种抗氧化物质，能起到抗炎和抗癌的作用。

变换口味：可以用枸杞或蔓越莓干来代替白桑葚。

营养贴士：荔枝中的维生素C含量是其他水果平均含量的3倍多。在冬天，它是应该优先选用的水果，可以起到很好的抗感染作用。

草莓枸杞冰淇淋

份数：
4人份

准备时间：
10分钟

冷冻时间：
5小时

草莓500克
保加利亚酸奶300克
枸杞50克
花蜜1汤匙

将草莓洗净、去梗、切成两半，平放在托盘上，放入冰箱，冷冻4小时。

草莓冷冻好以后，和酸奶、花蜜、枸杞一起放进搅拌机中搅拌。如果您喜欢泡沫丰富些，可以立即品尝。如果不喜欢太多泡沫，可以将其放入冰箱，冷冻1小时，那时口感会更硬些。

食材功效：枸杞对免疫系统有保护作用，可以激活人体细胞，这些细胞有抗癌和抗有害微生物的功效。枸杞本身含有的抗氧化物可以增强人体免疫力，其含量与矢车菊、蓝莓和蔓越莓相当。

变换口味：可以根据季节的变化，用不同的水果来制作这款冰激凌。可以选择富含抗氧化物质和维生素A的红果系列（如覆盆子、桑葚、黑加仑、越橘、樱桃）。

营养贴士：维生素A多储藏在那些有色的（黄色、绿色、红色或橘色）蔬菜和水果中。

异国风情水果沙拉配蜂蜜酸奶和杏仁

份数：
4人份

准备时间：
20分钟

烹饪时间：
5分钟

番石榴1个
木瓜1/2个
猕猴桃2个
橙子1个
荔枝8个
香蕉1个
芒果1/2个
蜂蜜4咖啡匙
切成小块或小细条的杏仁30克
希腊酸奶2杯
香草籽1小撮

在平底煎锅中大火把杏仁干煸几分钟。

给所有水果去皮后切成小块，加入香草籽混合，然后装在小碗中，倒入蜂蜜。

搭配酸奶和杏仁食用。

食材功效：杏仁和其他的油性坚果一样，可以起到增强抵抗力的作用。杏仁是维生素E的理想来源，可以保护免疫系统中的细胞。杏仁还有抗氧化和抗癌作用。

变换口味：将所有的水果和蜂蜜混合起来，再加上杏仁，会给您带来非常滋润又舒服的一餐。如果愿意的话，还可以再配上少量的牛奶。

营养贴士：水果中的维生素C对空气和光十分敏感，因此水果切好后，最好用保鲜膜包住，或者放在冰箱里保存。

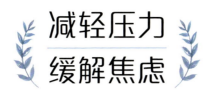

减轻压力
缓解焦虑

营养师的健康建议

烦躁不安、焦虑……压力成了日常生活的一部分。烦恼时，工作中遇到困难时，我们吃了一包又一包的薯条。焦虑虽然缓解了，但只是暂时的，看起来热量解决了问题。用吃东西来缓解焦虑似乎是人的自然反应，但吃的前提是不能损伤身体。在对抗压力的同时，我们要学会控制食物的摄入量，并且优先选择以下食物：

奶制品

如果您想保持身材，就选择那些低脂和低糖的奶制品。奶制品富含蛋白质，其中的色氨酸是一种十分有益的氨基酸，能合成5-羟色胺，这种物质对控制情绪起到基础性作用。奶制品中的钙也可以帮助减轻压力。

可选食材：半脱脂牛奶、原味酸奶或水果酸奶、脂肪含量为3.6%的小瑞士奶酪、脂肪含量为3.2%的白奶酪、调制酸奶、帕尔玛奶酪、羊奶酪、格拉娜·帕达诺奶酪、格鲁耶尔奶酪。

动物肝脏和鸡蛋

动物肝脏中含有带抗压功能的维生素（如B族维生素）和铁，因而能够很好地缓解压力和焦虑。另外，实际上动物肝脏并没有我们通常想得那么油腻。鸡蛋，尤其是蛋黄，拥有和动物肝脏同样的功效和好处。

可选食材：黑血肠、鸡肝或小牛肝、牛心、牛腰、鸡蛋。

蔬菜

新鲜蔬菜，尤其是深绿色蔬菜值得选择，因为它们含有维生素B_9（叶酸），能够减轻焦虑感。

可选食材：菠菜、抱子甘蓝、圆白菜、四季豆、绿豆、野苣、黄瓜、菊苣、西蓝花、芹菜、芦笋。当然还有甜菜、蘑菇、胡萝卜，只不过效果稍逊一筹。

全谷物食物

甜食能够持久有效地减轻压力，但也不要忘了给餐盘中加上些蔬菜和全谷物，因为它们富含膳食纤维。全谷物食物还能带来维生素B_6，帮助钙吸收。

可选食材：面粉、全麦面包、燕麦、糙米、土豆、豆类（如扁豆、小红扁豆、鹰嘴豆、小豌豆、白芸豆、红豆、绿豆、豌豆、大豆）、麦芽。

水果

不要忘记那些富含钾的水果，还有干果和油性坚果，其中丰富的镁也可以缓解压力。

可选食材：香蕉、杏、覆盆子、草莓、西柚、桃子、油桃、樱桃、白葡萄、牛油果、杏干、葡萄干、椰子、核桃、榛子、巴西坚果、开心果、杏仁、栗子、葵花子、芝麻、腰果、美洲山核桃。

让我减压放松的菜篮子

蓝莓： 富含抗氧化物质，帮助减轻压力

洋甘菊： 有镇静作用

奇亚籽： 含有丰富的欧米伽3脂肪酸和B族维生素，能平复情绪

黑血肠： 补充铁，缓解压力和焦虑

海苔： 含有丰富的钾，可以让肌肉充分放松

黑巧克力： 减压，有助于内啡肽的分泌

深海鱼： 含有丰富的欧米伽3脂肪酸，促进生成多巴胺，帮助对抗焦虑

柑橘： 帮助分泌皮质醇，一种糖皮质激素，有助于减压

开心果牛油果印度咸酸奶

份数：
4人份

准备时间：
5分钟

酸奶1升
精盐1/2咖啡匙
熟透的牛油果1个
柠檬汁1个柠檬的量
去壳开心果20克

牛油果去皮、去核、切成丁。将牛油果丁和柠檬汁放入搅拌机搅拌，再加入酸奶和盐，继续搅拌。

将开心果稍稍切碎。

将做好的酸奶倒入杯中，撒上开心果后就可以品尝了。

食材功效：这是一种印度的传统饮品。苦行僧在修行时会食用，仿佛有助于通往智慧之路。酸奶中的益生菌对消化系统有益，可以缓解精神和身体上的双重压力。这种食物非常适合配着辣味菜肴享用。

变换口味：如果想要改变味道或口感，可以选择奶块、克非尔奶酒、乳清等。还可以用新鲜水果来装饰，比如说用芒果。

营养贴士：奶制品中含有大量脂肪酸，对心脏有益。人们通常会将牛油果搭配蛋黄酱食用，但这样会造成胆固醇升高。

豆子甜菜椰枣沙拉

份数：4人份　　准备时间：10分钟　　烹饪时间：10分钟

小红扁豆300克
熟鹰嘴豆150克
熟甜菜300克
椰枣12个
芥末1咖啡匙
酒醋1汤匙
菜籽油少许
新鲜香芹适量
新鲜香菜适量
盐适量
黑胡椒碎适量

将甜菜切成小方块。洗净鹰嘴豆。给椰枣去核后切成小丁。

煮熟小红扁豆，并保持脆感。煮好后，在凉水中过一下，沥干水分。

将香芹和香菜切碎。用芥末、酒醋和菜籽油做出醋泡汁，加盐和黑胡椒碎调味。

将所有食材放入沙拉盆中，淋上醋泡汁后即可食用。

食材功效：想给身体和精神充充电？没什么比椰枣更合适的了。椰枣富含葡萄糖和钾，帮助对抗日常生活中的身体和精神压力。糖分会加速色氨酸的运输，色氨酸又能合成5-羟色胺，有效调节情绪。

变换口味：可以用杏干或李子干来代替椰枣。

营养贴士：这道沙拉以豆类为基础原料，豆类能带来微量元素（如硒），缓解紧张情绪，还能很快带来饱腹感。

绿咖喱鸭肉烩时蔬

份数：4人份　准备时间：20分钟　烹饪时间：15分钟

鸭胸肉2块
豆角100克
豆芽50克
红甜椒1/2个
椰奶400毫升
鸡汤400毫升
泰国罗勒叶几片
鱼露1汤匙
片糖或粗红糖1/2汤匙
椰奶500毫升
泰国绿咖喱2汤匙
菜籽油1汤匙

将鸭胸肉切成片，去掉油脂。将豆角和甜椒洗净，切成小段。

中火加热炒锅，放入菜籽油和咖喱。加热直至咖喱糊释放出香味。将火调小，放入鸭胸肉，肉上色后倒入椰奶和鸡汤。倒入所有蔬菜，烹煮5分钟。

倒入鱼露和糖，汤沸腾一会儿后，将锅离火。

将汤倒入碟子里，放上几片罗勒叶，配白米饭食用。

食材功效：除了能给菜品带来丰富的色彩以外，甜椒还是维生素C的有效来源，维生素C有助于铁元素吸收。甜椒中的维生素B_6还有镇静作用。

变换口味：如果想让菜品更有海的味道，可以选择富含欧米伽3脂肪酸的深海鱼类，比如用三文鱼或金枪鱼来代替鸭胸肉。

营养贴士：鸭胸肉可以补充维生素B_{12}，将所有不快和烦恼带走。

绿柠檬香芹生牛肉片配野苣

份数：
4人份

准备时间：
15分钟

冷冻时间：
30分钟

牛里脊肉200克
有机绿柠檬1个
橄榄油2汤匙
新鲜香芹几根
亚麻子1汤匙
胡椒羊奶酪30克
野苣50克
盐适量
黑胡椒碎适量

将牛里脊肉放入冰箱冷冻30分钟。

将柠檬皮擦成细丝，柠檬果肉榨汁。混合1汤匙的柠檬汁和橄榄油，加盐和黑胡椒碎调味，再加少量切碎的香芹，做成调味汁。

用切片器或刀将牛里脊肉片成薄片，铺在盘子里，撒上柠檬皮丝和亚麻子，浇上调味汁。最后将胡椒羊奶酪擦碎撒在牛肉片上。

搭配野苣食用。

食材功效： 奶制品中的色氨酸被称作有益的氨基酸，是有减压效果的天然酸性物质。羊奶酪是色氨酸含量最高的奶酪之一。

变换口味： 可以用帕尔玛奶酪、格拉娜·帕达诺奶酪或格鲁耶尔奶酪来代替羊奶酪。红菊苣、生菜和生菠菜叶都有镇静作用，可以用来代替野苣。

营养贴士： 维生素B_9有舒缓和放松的作用，因此野苣是一种抗疲劳、抗压力、抗抑郁的食材。1盒野苣中含有的维生素B_9可以补充人体所需量的1/2左右。

小牛肝配芝麻、鲜橙和绿色蔬菜

份数：4人份　准备时间：15分钟　烹饪时间：10分钟

小牛肝2厚片
新鲜绿豆角100克
新鲜小豌豆100克
西蓝花100克
橙汁1/2个橙子的量
柠檬汁1个柠檬的量
黄油50克
葵花子油1汤匙
鸡蛋1个
芝麻2汤匙
面粉1汤匙
盐适量
黑胡椒碎适量

将绿豆角切成小段。将所有蔬菜放入蒸锅中蒸10分钟。

在蒸蔬菜的同时，打好鸡蛋，将蛋液倒入深盘中。将面粉倒在另一个盘子里。将芝麻倒在第三个盘子里。

将小牛肝切成小方块，每一块都在面粉、蛋液和芝麻中蘸一下。

在平底煎锅中倒入葵花子油，放入黄油融化后，放入小牛肝，煎成金黄色后，倒入橙汁和柠檬汁，加盐和黑胡椒碎调味。放入蒸好的蔬菜，拌匀后即可食用。

食材功效：没有什么比芝麻更能让菜肴出彩了。芝麻高效的抗氧化作用，丰富的矿物质（如镁和铁），还有B族维生素，都能释放压力。

变换口味：如果担心胆固醇问题，可以用亚麻子代替芝麻。

营养贴士：这道菜肴可以满足您每日所需的维生素B_9（叶酸），因此特别推荐孕妇食用，因为孕妇尤其需要补充叶酸。

黑血肠焗土豆配苹果和洋葱

份数：
4人份

准备时间：
30分钟

烹饪时间：
30分钟

黑血肠4根
苹果2个
土豆200克
洋葱1个
新鲜香芹叶几片
黄油50克
淡奶油100毫升
面包屑1汤匙
肉豆蔻粉适量
盐适量

给土豆去皮，切成小方块，放入蒸锅中蒸15分钟。洋葱去皮后切成小片。苹果去皮后切成薄片。将黑血肠切开，去掉肠衣。

在平底煎锅中融化一半的黄油，倒入洋葱，小火加热，再倒入苹果，煎几秒钟，当苹果变成金黄色后，盖上锅盖焖5分钟，然后撒上盐和肉豆蔻粉。倒入黑血肠，盖上锅盖，继续焖5分钟，加盐调味。

将烤箱预先调成烧烤模式。土豆蒸好后，将其放入搅拌机中搅拌成泥，将土豆泥、淡奶油和黄油搅拌在一起。

将洋葱和苹果倒在深盘中，然后把黑血肠盖在上面，最后倒入土豆泥。

混合面包屑和香芹叶，撒在土豆泥上，放入烤箱中烤几分钟即可。

食材功效：在美食王国里，黑血肠是含铁之冠。1根血肠就可以满足您一天的铁需求量。与植物中的铁相比，黑血肠中的铁更容易被人体器官吸收。苹果中的溴可以起到镇静安眠的作用。

变换口味：如果不喜欢吃血肠，可以用高品质的红肉来代替。

营养贴士：许多女性身体没能吸收足够的铁。铁缺乏会给身体和情绪带来压力感。铁能够帮助减少神经冲动带来的损害，缓解压力，赶走抑郁情绪。

减压卷筒寿司

份数：
20个寿司

准备时间：
2小时45分钟

烹饪时间：
20分钟

中等大小的圆米300克
冷水500毫升
紫菜4片
米醋3汤匙
白砂糖1汤匙
盐1小撮
黄瓜1/2根
牛油果1个
蟹肉泥（或蟹棒）100克
新鲜三文鱼100克
香蕉1根
甜菜100克
柠檬汁1个柠檬的量
芝麻粒（可选）适量
芥末酱适量
酱油适量

在小平底锅中文火加热米醋、白砂糖和盐。待白砂糖完全融化后，将锅离火，使其自然冷却。

用大量的冷水反复淘米，将米彻底洗净。让米在水中泡30分钟后，用漏勺将米舀出，倒入电饭煲中，加入500毫升的冷水。（如果没有电饭煲，可以将米和水放在平底锅中加热，直至沸腾。沸腾后将火调小，盖上锅盖，再煮15分钟。）从电饭煲中盛出米饭，放在大盘子里，撒上米醋汁，让大米充分吸收米醋汁。注意，米不能太干。

给黄瓜、牛油果和香蕉去皮。将三文鱼、所有水果和蔬菜切成长段，撒上柠檬汁。

将紫菜片放在方形的食品保鲜膜上，铺上一层米饭，撒上一些炒好的芝麻粒，金黄色或黑色均可。将做寿司用的竹帘压在米饭上，然后将竹帘翻过来，取下保鲜膜。在米饭上摆上水果段、蔬菜段、三文鱼或蟹棒，整个卷起来。注意要卷紧一些。将做好的卷筒切成四五个小寿司。根据喜好，选择适合的酱料搭配起来品尝。

食材功效：紫菜中含有丰富的维生素和极少的能量，是放松身心的理想伴侣。紫菜中的碘含量很高，因此不要过量摄入，以免带来甲状腺问题。

变换口味：如果不喜欢紫菜的味道，可以用春卷皮来代替。

营养贴士：大米中含有丰富的色氨酸和维生素B_6，维生素B_6会促进色氨酸的吸收。如果想要达到更好的抗压效果、赶走不良情绪，最好选用糙米。

巧克力香蕉玛芬配椰子水

份数：8个玛芬　　准备时间：15分钟　　烹饪时间：30分钟

面粉150克
泡打粉1袋
糖粉90克
盐1/2咖啡匙
软黄油70克
鸡蛋1个
牛奶100毫升
香蕉2根
柠檬汁1/2个柠檬的量
黑巧克力50克
椰子水适量

将烤箱预热到180℃。

给香蕉去皮，用叉子压碎，挤入柠檬汁；将巧克力切成小碎块；将面粉、泡打粉和盐混合过筛。

让黄油融化呈膏状，加入糖粉和香蕉泥，充分混合均匀。加入鸡蛋和牛奶，最后倒入面粉混合物和巧克力碎块。

将混合物倒入玛芬硅胶模具中，倒至2/3处即可。在烤箱中烤25～30分钟，冷却后脱模。

搭配1杯椰子水品尝。

食材功效：既想健康，又想吃起来没有负罪感？每天最多只能吃2个这样的玛芬蛋糕，黑巧克力（可可含量要在70%以上）的摄入量就足够了。玛芬含有大量的抗氧化物质和镁，在减轻压力的同时，促进内啡肽的产生，给我们带来好心情。

变换口味：可以用蜂蜜来代替糖。蜂蜜可以促进内啡肽的产生，对焦虑有直接的缓解作用。如果用蜂蜜的话，量要比糖用得少一些，因为蜂蜜含有更多糖分（75克的蜂蜜代替90克的糖）。

营养贴士：不爱喝椰子水？那就错了，虽然椰子水含有少量的糖，但我们依旧可以像饮用水一样饮用它。1杯椰子水中大概含有接近1小块糖的糖分。它的真正好处在于，椰子中含有丰富的减压矿物质（如镁和钾）。2个玛芬和1杯椰子水可以满足您1天中1/3的钾需求。

燕麦蓝莓奇亚籽薄饼

份数：
4人份

准备时间：
10分钟

烹饪时间：
15分钟

蓝莓125克
燕麦150克
面粉175克
牛奶300毫升
鸡蛋2个
泡打粉1袋
奇亚籽1汤匙
肉豆蔻碎1小撮
桂皮粉1小撮
有机液体蜂蜜适量
黄油适量

将蓝莓、蜂蜜、黄油以外的其他配料倒在碗中，充分混合成较黏稠的面糊，加入蓝莓。

给平底煎锅锅底抹上黄油，文火加热，倒入面糊，制作薄饼。饼表面出现气泡时，翻面煎另一面。

搭配有机蜂蜜品尝。

食材功效：奇亚籽是薄荷类植物芡欧鼠尾草的种子，原产地为墨西哥。奇亚籽含有高品质的蛋白质和欧米伽3脂肪酸，能够促进情绪调节激素的产生。

变换口味：可以用其他富含抗氧化物质的水果代替蓝莓，比如蔓越莓干。

营养贴士：为了更好地享受欧米伽3脂肪酸带来的好处，另一种脂肪酸的摄入非常重要，它就是欧米伽6脂肪酸。奇亚籽之所以功效非凡，就是因为奇亚籽中欧米伽3脂肪酸和欧米伽6脂肪酸的配比非常合适。

营养词汇

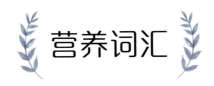

氨基酸 氨基酸是构成蛋白质的基本单位。氨基酸有20种，按照营养学分类可以分为两组：11种非必需氨基酸和9种必需氨基酸。必需氨基酸指人体不能合成，或合成速度远不适应机体的需要，必须由食物蛋白供给，这些氨基酸称为必需氨基酸，比如色氨酸。

必需脂肪酸 必需脂肪酸指人体不能合成，或合成速度远不适应机体的需要，必须由食物蛋白供给的一类多不饱和脂肪酸。它可以分为两种：欧米伽6脂肪酸和欧米伽3脂肪酸。这些不饱和脂肪酸参与了机体的很多生化作用（它是细胞膜和神经组织的组成部分）。

抗氧化物 具有抗氧化功效的一种物质，还可以抵御自由基带来的损害。维生素C、维生素E和类黄酮都是此类物质。

β-胡萝卜素 β-胡萝卜素又叫维生素A原，它是一种橙色色素，我们通常能在红色或橘色的水果和蔬菜里找到这种物质。绿色蔬菜（橙色被叶绿素遮盖了）中也会含有β-胡萝卜素。在消化过程中，一部分会被直接吸收，其他的则转化为维生素（如维生素A）。

儿茶素 绿茶中含有一种叫做儿茶素的多酚。绿茶中的儿茶素含量丰富，明显高于其他食物，比如苹果、葡萄或这些水果制成的饮品。儿茶素有抗癌作用，是最有力的抗氧化剂之一，对于炎症和冠状动脉疾病有预防作用。

酶 酶是指对人体器官细胞活动具有生物催化功能的高分子物质。

类黄酮 类黄酮实际上是很多植物中都含有的一种色素，它的种类众多（如花青素、黄酮醇、黄酮、异黄酮），有明显的抗氧化作用。

铁 铁是一种重要的微量元素，是血红蛋白（血液中）和肌红蛋白（肌肉中）的基础，还是许多酶和免疫系统化合物的成分。我们通过食物摄入的铁，主要分为两类：
- 血红素铁：在人体内担负一定的生理作用，因此不可或缺，主要来源于动物类食品。
- 非血红素铁：容易受到膳食中其他元素的干扰，不易被吸收。

谷胱甘肽 谷胱甘肽是一种抗氧化物。它可以帮助细胞抗氧化，还可以抵抗自由基带来的损害。谷胱甘肽同样可以帮助器官解毒，排出重金属元素，如铅和汞。

血糖生成指数 血糖生成指数又叫升糖指数，反映了某种食物与葡萄糖相比升高血糖的速度和能力，是反映食物引起人体血糖升高程度的指标。葡萄糖的升糖指数很高，为100。

叶黄素 叶黄素属于类胡萝卜素家族中的一员。菠菜中含有大量的叶黄素。

番茄红素 番茄红素是一种天然的红色开链烃类胡萝卜素，它是一种天然色素，会让食物呈现红色。

神经递质 它是人体器官分泌的一种化学物质，能在神经元之间或神经元与其他器官（如肌肉、腺体）细胞之间传递一种神经冲动（信息）。

微量元素	微量元素又名痕量元素。人体每日对微量元素的需要量很少（每天0.1~10毫克）。主要的微量元素有：铁、碘、锌、氟、镁、钼、硒、铬。
植物甾醇	很多植物（如谷物、水果和蔬菜）都含有植物甾醇，它的化学结构类似于胆固醇，可通过降低胆固醇减少患心血管病的风险。
多酚	多酚是个大家族，有8000多种不同的酚，多酚具有抗氧化功能，它广泛存在于水果和蔬菜中，还存在于茶、咖啡和巧克力中。
益生元	益生元是一种膳食补充剂，通过选择性的刺激一种或少数种菌落中的细菌的生长与活性而对相关器官产生有益的影响，从而改善人体健康。目前最被广泛研究的益生元是低聚果糖（FOS），菊糖以及其他低聚糖的益生元，像低聚半乳（GOS）和乳糖（TOS）。
益生菌	益生菌是一种活性微生物，当益生菌达到一定数量时，就有助于肠道菌群的平衡，从而有益于肠道健康。益生菌主要是微生细菌和酵母菌。最常见和最常用的就是乳酸菌（如乳酸杆菌和双歧杆菌）和酵母菌（酵母属）。
自由基	人体中含有自由基，自由基非常活跃，不稳定。不受控制的自由基是有害的，它会加速细胞衰老，还会造成癌症。污染、吸烟、疲劳、压力、紫外线等都会加速自由基的产生。
白藜芦醇	白藜芦醇是多酚类化合物，葡萄是它的主要来源，它也存在于桑葚、花生、可可、蔓越莓等食物中。葡萄会产生这种物质用以抵御真菌和紫外线。葡萄酒中的白藜芦醇有极佳的抗氧化作用，因此可以延缓细胞衰老。白藜芦醇还有抗癌和预防心脑血管疾病的作用。

致谢

非常感谢出版团队，他们从一开始就坚定地支持本书的出版，从开始到现在历经了几个春夏秋冬。

感谢大卫·努埃（David Nouet）的支持，感谢他为本书付出的精力与时间。是他让这本美食书与众不同，它是那么的丰富、准确、可信，给每位读者中肯的建议，让人们通过日常饮食就可以获得健康！

感谢巴黎烹饪协会的支持，如果不是他们，我和大卫恐怕难以为大家带来这本美味又健康的书籍。

感谢斯蒂芬（Stephen）和拉斐尔（Raphaël），我的挚友，严苛的美食品鉴者，每次当我有了新想法，他们都会一如既往地支持我。

朱莉·施沃布（Julie Schwob）

感谢编辑团队，感谢他们支持这本书的出版，让美味与健康的完美结合成为可能。

如果要让生活充满热情，就要去认识那些热情的人们。感谢朱莉·施沃布（Julie Schwob），她充满热情又乐于沟通。我们第一次相遇时，她出色的烹饪能力和不断寻求完美的品质打动了我。

感谢克莱尔（Claire），感谢她的支持和乐观。

感谢塞尔玛（Selma），因为才7岁的她，总会对我重复"饮食就是健康"！

大卫·努埃（David Nouet）

图书在版编目（CIP）数据

乐享轻食 /（法）朱莉·施沃布，（法）大卫·努埃著；张婷译. — 北京：中国轻工业出版社，2018.6
ISBN 978-7-5184-1914-2

Ⅰ.①乐… Ⅱ.①朱…②大…③张… Ⅲ.①食谱 Ⅳ.① TS972.12

中国版本图书馆 CIP 数据核字（2018）第 057101 号

版权声明：
Cook Positive

© 2017, Editions First, an imprint of Edi8, Paris, France.
Simplified Chinese edition arranged through Dakai Agency Limited

责任编辑：高惠京　胡　佳　　责任终审：张乃东　　整体设计：锋尚设计
策划编辑：高惠京　　　　　　责任校对：吴大鹏　　责任监印：张京华

出版发行：中国轻工业出版社（北京东长安街6号，邮编：100740）

印　　刷：北京博海升彩色印刷有限公司

经　　销：各地新华书店

版　　次：2018年6月第1版第1次印刷

开　　本：720×1000　1/16　印张：9

字　　数：200千字

书　　号：ISBN 978-7-5184-1914-2　定价：48.00元

邮购电话：010-65241695

发行电话：010-85119835　传真：85113293

网　　址：http://www.chlip.com.cn

Email：club@chlip.com.cn

如发现图书残缺请与我社邮购联系调换

170826S1X101ZYW